儿童几何

（俄）В·Г·日托米尔斯基
（俄）Л·Н·舍夫林 著

魏德敏 绘

赵桂莲 译

华东师范大学出版社

·上海·

目录

3

前言

（写给爸爸妈妈、爷爷奶奶、外公外婆以及所有将给孩子们阅读本书的成年人）

　　许多年前我们产生了给儿童写一本几何书的想法。因为确信学龄前儿童和小学生的认知能力比通常人们习惯认为的水平高得多，所以我们希望通过几何素材促进这种能力的发展。为此我们很想创作一本完全意义上的"儿童"书：快乐的、引人入胜的、建立在游戏基础上的、有童话和历险的书。于是《儿童几何》诞生了，1969 年在斯维尔德洛夫斯克市它首次问世，后来在国内外多次再版。

　　《儿童几何》的顺利出版激励作者创作出了另一本书，风格与它接近，针对同样的读者，那就是《数学入门》。它的第一版于 1980 年在莫斯科问世（后来各种语言的版本同样一次次再版）。写作《数学入门》使作者履行在《儿童几何》第一版前言中所许诺言（写出这本书的后续）的时间大大推迟了。20 世纪 80 年代许诺的后续写完了，它与从前的文本一起组成了《几何国旅行记》①这本书的内容。

　　我们对将要使用本书与孩子们一起学习的人提出几个建议、做几点说明：

　　1. 本书针对的主要是 6—8 岁的儿童。看起来，对于年龄大一些的儿童和 5 岁的小朋友它也有可能引发兴趣。

　　2. 我们针对的是以下几种使用该书的形式：家庭阅读，在幼儿园大班和预备班作为参考书使用，小学生课外阅读。

　　3. 我们的书不是教科书。里面没有对初等几何进行系统和全面的阐释。书的

---

① 本书依据《几何国旅行记》翻译。考虑到读者的接受程度，决定仍沿用其前段书名，即《儿童几何》。

目的是通过通俗易懂和引人入胜的形式让儿童认识一系列几何的基本概念，教会他们识别最简单的几何情景，在周围的环境中发现几何形象。

4. 不过，虽说叙述"轻松"，但该书却包含着各种基本知识。因此对它的使用要求成年人保持深思熟虑和积极的态度：在必要的情况下应该解释清楚（用自己的话，比书中更详细）那些难懂的地方，对图和图画进行说明，让孩子们注意重要细节。

5. 由于书中有许多对于孩子们来说陌生的知识，因此阅读它需要循序渐进，注意掌握合理的进度。当然，阅读进度关键取决于孩子的个体特点，不过我们觉得，一次的"量"不该超过25—30分钟（这一点针对的尤其是同时有几个孩子共同学习这种情况）。

6. 每个与新概念相关的术语在文本中首次出现的时候都标注出来了。在这些地方有必要停下来，让孩子注意新术语，把它重复几遍。如果孩子没有一下子记住全部新词，这不是坏事。更重要的，是让他认真去听，明白听到的内容。

7. 每次学习从复习开始是有益的：回忆一下之前的几个段落及其中说到的几何概念。

8. 文中插入的"要求小朋友做的事和练习"也很重要。它们有助于更深入更自觉地掌握书中的数学内容，获得一些实践技能。孩子们一定要回答问题，完成插入部分要求完成的内容。

9. 至于练习，其中（尤其是书的后半部分）有一些比正文中插入的作业难得多的题目。在一些练习中引入了新概念。成年人必须确定，孩子是否应付得了这些练习，不要坚持让孩子按照顺序完成所有练习，当这样做会引起孩子反感的时候，尤其不要这样坚持。

10. 学习本书会需要彩色铅笔、纸、尺子、剪刀、圆规、三角板、小棒儿、橡皮泥。这一切都需要预先准备好，在需要的时候使用。

11. 如果同时有几个小家伙儿一起学习本书，那就有机会比赛（谁回答问题或者完成任务更快），有机会一起讨论、辩论，等等。不要忽视这样的机会。

12. 感谢告知我们如何使用这本书的所有人：孩子年龄多大，书用了多长时间读完的，各章节的内容掌握得是否顺利。对于改善本书所提出的意见、希望和建议，我们同样心存感激。

В·Г·日托米尔斯基

Л·Н·舍夫林

铅笔头

小聪明

小博学

百事问

快乐的小人儿们开始学习
几何（点和线 / 直线）。

小聪明什么话都没说，他把鼻子往墨水瓶里蘸了一下，然后鼻子笃笃笃笃地在纸上敲了起来。

有一天铅笔头把朋友们请来，他们是几个快乐的小人儿：木偶人小聪明、小迷糊百事问和勤动手的小博学。他提议：

"我们来学习几何吧。可有意思了！"

"好啊！"小博学和百事问异口同声地说。

小聪明问："什么是杰何？"

"不是杰何，是几何。"铅笔头纠正他的话。"几何是……是……我很难一下子跟你解释清楚。我们开始学习吧，慢慢地你就全都知道了。"

几个朋友围着桌子坐了下来。

"嗯，"铅笔头说，"你们瞧！"他用鼻子在纸上点了一下。

"这是什么呀？"

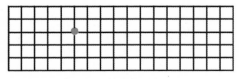

"**点**。"小博学回答。

"点。"百事问随声附和。

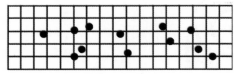

"我有很多点！"小聪明嚷道。

"别着忙。"铅笔头拦住了他，在自己那张纸上又画了一个点。

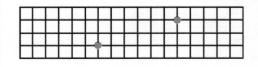

"现在我画了两个点。"

"两个点。"百事问重复说了一遍，

在他的纸上也画了两个点。

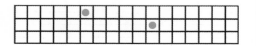

小博学也画了两个点。

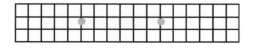

请你也在纸上画两个点。

"我的小纸片上

点点安上了家……"

小聪明哼唱起来，铅笔头严厉的目光让他住了嘴。

"现在我把点连起来。"铅笔头说："结果是一条**线**。"

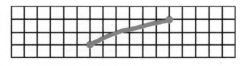

"你们也照着做吧。"铅笔头接着说。百事问是这样做的：

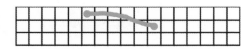

小博学是这样画的：

请你也把点连成线。

"瞧瞧我的！"小聪明大叫。

"你呀你，乱涂一气。"小博学摇了摇头。"你弄的东西让人什么都看不懂！就会浪费纸！"

"是啊，"铅笔头说，"还得把你的墨水弄干净。这支蓝铅笔和干净纸给你。画出一条线来。你看看，小博学的线画得多直。"

小聪明尽力做了：

"我画的不像小博学那么直。"小聪明伤心地说。

"你拿把直尺。"小博学提示他。

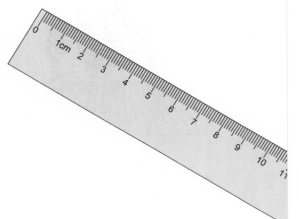

"用一只手把它按到纸上，然后贴着直尺的边运笔。"

"成功了！"小聪明兴奋地说，"瞧

瞧有多直！"

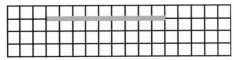

"这是**直线**。"铅笔头解释道。

"直线我们第一次画出来！

直线我们第一次画出来！"

小聪明唱了起来。

"我也要直尺。"百事问恳求，"我也想画直线。"

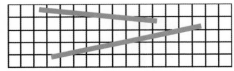

"瞧，画好了！还有两条呢！"

"好样的！"铅笔头夸奖了百事问。

"现在，在上面那条直线上随便点一个点。"

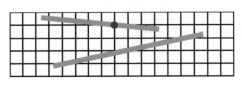

"点好了。"

"在下面那条直线上点两个点。"

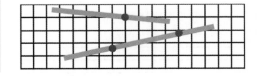

"点了两个点。"百事问心满意足地说。

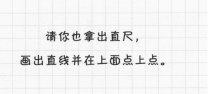

"现在的任务要难一些了。"铅笔头接着说，"画出一个点，然后画一条直线穿过这个点。"

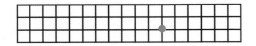

画点容易，穿过点画直线难一些。看，这是小博学画的：

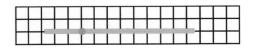

百事问画出来的结果是这样的：

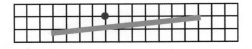

小聪明的脑袋转得像个拨浪鼓，尽管他自己还什么都没做，但却嘲笑起百事问来了：

"哈哈哈，不会！百事问不会！"

"是啊，"铅笔头说，"你啊，百事问，点在线上面。可是你呢，小聪明，别笑话人。你可什么都没做呢。你自己试试让直线正确地穿过点。"

"来了！"小聪明嚷道，"我画这个轻而易举。"

他的直线是这样画的：

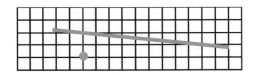

"啊哈，"百事问兴高采烈地说，"笑话我，你自己也没画成！你的点也不在线上。"

小博学说：

"小聪明，你的点在直线下方。"

百事问和小聪明只好重新画直线。现在，他们画出的图是这样的：

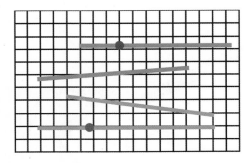

之后铅笔头让他们看怎样让一条直线穿过两个点：

"你们看，"铅笔头说，"小博学画出的两条直线是交叉的。"

请你指出这两条直线交叉的点。

"我的线也是交叉的。"小聪明语速飞快地说。

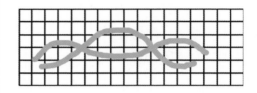

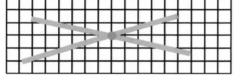

请你也画一个点，
拿出直尺，
穿过这个点画一条直线。
画两个点，
穿过两点画一条直线。

小博学穿过一个点画了两条直线，让朋友们看他画的图。

请看这两条交叉的线。
指出它们交叉的点。
这两条线有几个交叉点？
请你也来画出交叉线
并标出它们的交叉点。

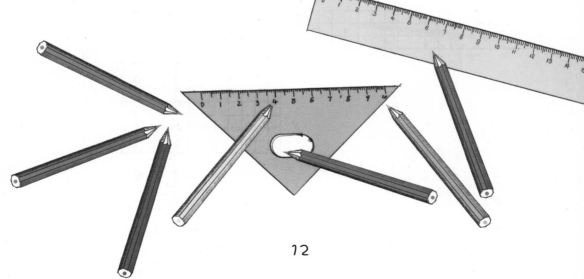

1. 请画出这样的点：

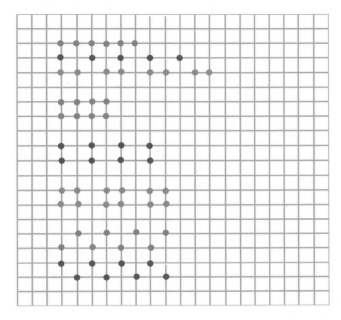

2. 请画出这样的线：

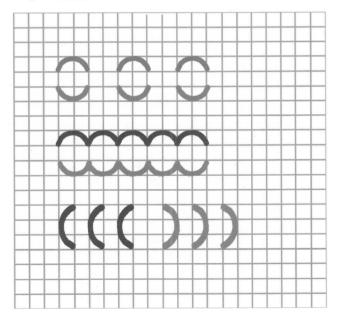

3. 请画出这样的点和线：

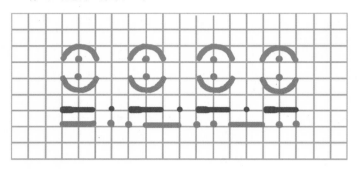

4. 请画出这样的小棒儿：

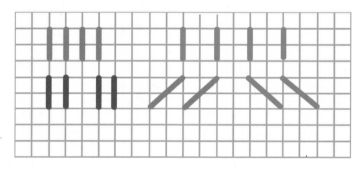

5. 请画出这样的点和小棒儿：

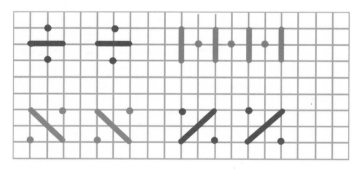

6. 请画出这样的两个点：

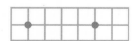

现在拿起直尺，穿过这两个点画出一条直线。

再穿过右面这两个点画直线：

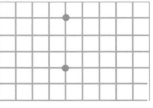

现在穿过这两个点画直线：

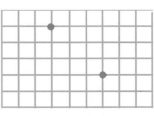

现在呢，穿过这两个点画直线：

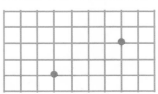

7. 哪些点在直线上方，哪些在直线下方？

8. 并排放一把椅子、一只方凳。

你看：方凳在椅子左边，椅子在方凳右边。

这是一个男孩和一个女孩。

说说看，谁站在左边，谁站在右边？

9. 举一下你的左手，再举一下右手。跺一下
右脚，然后跺一下左脚。

10. 两个点分布在直线的两边。
指出哪个点在直线左边，哪个点在右边。

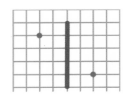

11. 并排长着一棵杉树、一棵松树和一棵白桦树。

你看：松树长在白桦树和杉树中间。哪棵树长在松树右边？
哪些树在白桦树左边？

12. 桌上有四个玩具：熊、兔子、狐狸和刺猬。

说说看，谁在兔子和刺猬中间？谁在熊和刺猬中间？哪些
玩具在狐狸左边？哪些在熊右边？

如何建造房屋（曲线和垂线）；
点点历险记（点点出发去旅行／结识线段）；
快乐的小人儿们比较线段的长度。

快乐的小人儿们出发去游玩了。

明亮的太阳挂在蔚蓝的天空中。一架飞机几乎就在太阳旁边翱翔，身后留下一道白线。

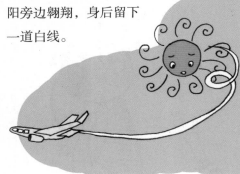

小博学看到了这道印记，他觉得像是白色铅笔在一张巨大的蓝纸上画图。

"你们看呀，"他喊了起来，"飞机在天上画出一条多有意思的线！"

小聪明一边单腿跳跃，一边唱起歌来：

"你看那条线，
白色不是蓝色！
线线线，
白色不是蓝色！"

百事问也很想找到一条线让朋友们看。他上看，下看，左看，右看，可他一条线都没找到。

"唉，"百事问叹了口气，"我们周围肯定再也没有线了。"

"你往那边看。"铅笔头给了他一个建议。

"对啊！"百事问兴奋了，"电线！那也是线！"

"没错。"铅笔头肯定了他的话，"这些电线也是直线。看到了吧，它们拉得多直。瞧那些电线是垂下来的，它们不是直线，是**曲线**。"

这时小聪明露出狡黠的微笑，对百事问眨了眨眼，神秘兮兮地开口说道：

"你们看着我，我有东西让你们看。瞧！我从口袋里掏出一根小绳子，把它扔出去。"

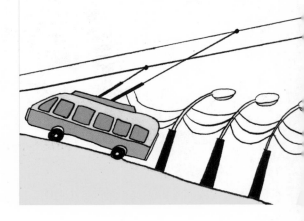

"这是一条曲线！现在，百事问，你抓住绳子的一头，把它握紧。我抓住另一头，拉绳子。"

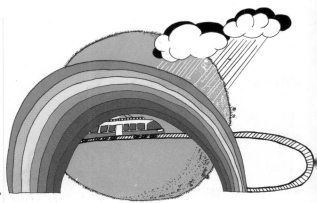

"你们看，这是一条直线！这条小绳子能形成各种各样的线。"小聪明说。

> 请你也拿起一条小绳子，
> 借助它来表现出各种线。

> 说说看，
> 彩虹中的线都是什么颜色的？

铅笔头夸奖小聪明：

"好样的！你的想法真好。来吧，朋友们，我们再看看周围还能发现什么样的线。"

快乐的小人儿们开始认真地四处观察。他们发现了很多有趣的东西。

有轨电车的轨道沿街而行时是直线，转弯的时候是曲线。

快活的小雨点从天空落到地上，看上去像是一条晶莹透明的线。

彩虹就像是七彩线在天空中搭成的巨大拱桥。

就在他们身边，一棵树的枝条间挂着一张蜘蛛网，纤细的蛛丝相互交叉织成美丽的图案。

> 说说你在身边发现了哪些线，
> 这些线中哪些是直线？

快乐的小人儿们走在路上，路边有一栋房子。

"瞧瞧我的小绳子！
我拴上一块石头，
绳子立刻就垂直！"

准确地说，那还不是房子，只是正在建造的房子。地面已经盖起了两层，吊车在帮建筑工人盖第三层。

吊车从地面吊起巨大的楼板，把它们运给建筑工人。重力把钢索拉直了。

"瞧，又是一条直线。"小博学指着吊索，"直线从上方伸向下方。"

"这样的直线称作**垂线**。"铅笔头解释道。

"垂线。"百事问跟着重复了一遍。

"对，对。"铅笔头说，"垂线笔直地从上到下或是从下到上。如果抓住绳子的一头，另一头挂一个重物，那么挂着重物的绳子就是垂线。"

说完，铅笔头瞥了一眼小聪明：

"嗯，你的小绳子呢？"

"稍等……马上……好了！"小聪明高高举起拴着石头的绳子，哼唱起来：

"你的歌儿真好听，小聪明。"快乐的小人儿们听到一个陌生人的声音。他们身边站着一个建筑工人，友好地微笑着。

"知道吗？我们建筑工人干活的时候经常使用这样的线坠。"

"干什么用啊？"小聪明问。

"用来检验房子的墙壁直不直，检验它是不是歪了。"

这时小博学问道：

"怎么检查呢？"

"这样做，如果墙壁歪的话，吊着线坠的绳子就靠不到墙上，而是会这样：

20

或是这样：

建筑工人应该让墙壁垂直，像这样。"

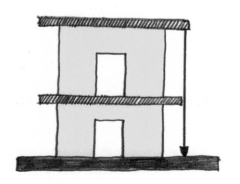

"就是说，要是没有这样的小绳

子，有可能造出十分可笑的房子。"铅笔头想。

"它们肯定会倒塌。"

"不仅房子的墙壁应该垂直，"工人接着说："工厂的烟囱，还有电线杆，都要垂直。"

"树也垂直生长。"百事问指着一棵高大的松树。

"不是所有的树都垂直生长。"工人纠正了他的话，"你看那些树。看到了吧，它们是歪的。你可以很容易地用线坠检验出来。"

> 你也拿一条小绳子，
> 绑上一个重物，
> 检验一下桌腿、椅子腿、柜门、房门
> 是垂直的还是倾斜的。
> 你在周围发现了哪些垂线和斜线？

快乐的小人儿们与建筑工人道别的时候，百事问怯生生地问铅笔头：

"没有几何童话吗？我可喜欢童话了！"

小博学哈哈笑了起来：

"哎呀，你这个百事问！要听童话啊，小孩子一个。这么严肃的事情怎么可能有什么童话？这可是几何！"

"哈哈！"小聪明跟着笑起来，"小孩子百事问想要听童话！哈哈哈！"

"你错了，小博学。"铅笔头说，"我刚好知道一个几何童话。你们想听我讲吗？"

"想！"小聪明第一个喊起来。

"当然想。"百事问回答，"我特别喜欢听几何童话。"说完，他心满意足地转过身去，对小博学说：

"瞧瞧，你还戏弄人家……"

小博学一言不发，耸了耸肩膀，不过他的整个神态都在表明，他不反对听听童话。

"好，你们听着。"铅笔头说，"我的童话叫做：《点点历险记》。"

很久很久以前有一个小点点。她好奇心非常强，什么都想知道。见到一条不认识的线她就一定会问：

"这条线叫什么？它是长线还是短线？"

有一天点点想："如果总是住在一个地方，怎么可能什么都知道呢？我要去旅行！"

说到做到。点点顺着一条直线走了

起来，她走啊走，走
了很久。

　　她累了。停下脚
步，说："我还要走很
久吗？直线很快就到
头了吧？"

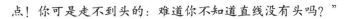

　　直线大笑起来：

　　"你呀你，小点
点！你可是走不到头的：难道你不知道直线没有头吗？"

　　"那我就往回走，"点点说，"肯定是我走错方向了。"

　　"另一个方向也没有头。直线根本就没有头。"

　　点点伤心了：

　　"怎么会这样？怎么，我只能这样走啊走啊走，但却走不到头？"

　　"嗯，如果你不想没完没了地走，那我们就请剪刀来帮忙吧。"

　　"好，请它来。"点点高兴了，"可是要剪刀做什么呢？"

　　"你马上就看到了。"直线回答。

　　眨眼之间冒出了一把剪刀，它在点点的鼻子前面咔嚓了一下，直线被剪断了。

　　"乌拉①！"点点大叫，"这
下子有头了！剪刀可真了不起
啊！那现在请您把另一个方向的
头也做出来吧！"

　　"另一个方向也能做。"剪刀
听话地咔嚓了一下。

　　"太有意思了！"
点点惊叹，"我的直
线怎么了？一边有
头，另一边有头，这
叫什么？"

---

① 乌拉，音译，在俄语中表示高兴、赞美的欢呼。——译注

"这是**线段**。"剪刀说，"你啊，小点点，现在在一条直的线段上。"

"直的线段，直的线段。"点点高兴地重复着，一边说一边从线段的一头逛到另一头。

"我会记住这个名字的。我喜欢在线段上！我要在这里安家。不过直线我也喜欢。可惜的是，它没了。现在取代直线的是我的线段，还有这两个……我不知道它们叫什么。也是线段？"

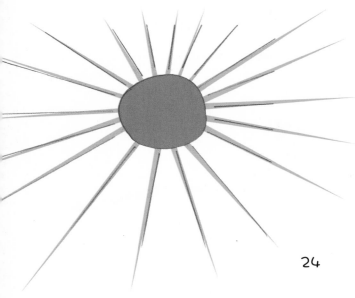

"不是，"剪刀回答，"它们只有一个方向有头，另一个方向没有头。因此它们有另外的名称。"

"那它们叫什么呀？"

"**射线**。这是射线。这个也是射线。"

"啊！"点点兴奋地说，"我知道它们为什么叫这个名字。它们像太阳的光线。"

"对。"剪刀肯定了她的话，"太阳的光线起点在太阳，从太阳发散出去，路上只要不碰上东西，比如，地球、月球或者卫星，它就没有终点。"

"就是说，直线变成了一条线段和两条射线之后，直线就没了。亲爱的剪刀，请您重新做出直线吧，只是我的线段要留着。"

"嗨，这个我可做不出来。最好请圆规和直尺来帮忙的话……"

剪刀马上把帮手叫来了。圆规和直尺来了，立刻干起活来。圆规先贴着直尺画了一条射线，

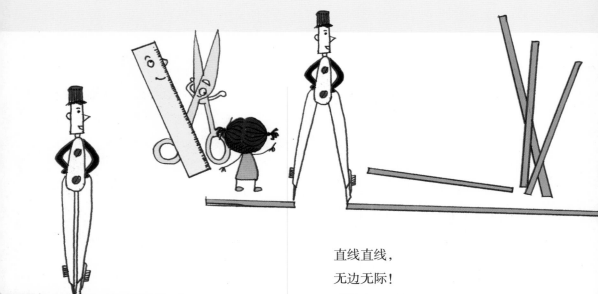

然后画了另一条射线，再把射线的两个头一拽，就连在一起了。

连接得那么灵巧，形成了一条与先前一模一样的直线。不管点点怎么努力，她都找不到两条射线连接起来的结头。

点点高兴了，因为熟悉的直线又完好无损了。"就是说，"她想，"由直线可以剪出一个线段，甚至很多线段。"

点点请求剪刀把直线剪出许多不同的线段。有短的，有长的。圆规和直尺把剩下的射线连接起来。于是大家看到直线又完好无损了。

"怎么样，"铅笔头讲完了，"童话你们喜欢吗？"

"喜欢！"小聪明大叫，"我已经给直线想出了一首歌谣：

直线直线，

无边无际！

哪怕走上百年，

找不到路的终点！

我还想给线段编首歌儿，不过没来得及。"

"线段么，瞧小博学，他正画呢，"

百事问说，"他怎么来得及画出这么多？"

的确，勤劳的小博学已经不知道从哪儿弄来了一张纸和直尺，开始画了起来。

这就是小博学画的线段：

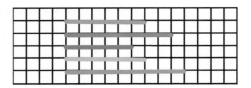

你也取一张纸、铅笔和直尺，

画出和小博学一样多的线段。

数一数，

你画了几条线段。

"听我说，小博学，你的线段长短不一。"小聪明说。

"我是故意这样画的，"小博学回答，"你把我的线段中最短的一条指出来。"

"是这条。"小聪明一下子就找到了。"而这一条最长。"

"这两条一样长。对吗？"百事问插嘴说道。

你也把小博学画的线段中最短的和最长的指出来。

找出它们中间长度一样的。

现在你自己画几条线段，

找出其中最短的和最长的。

里面有一样长度的线段吗？

"好样的！指得对。"铅笔头夸奖道，"现在我们来完成更难的任务。来，小博学，你画线段，但不要一条挨着一条，而是随便画。"

"为什么又是小博学？我也想画！"小聪明嚷嚷着。

"还有我呢。"百事问接过话头。

"好吧，"铅笔头说，"我们每人画一条线段。"

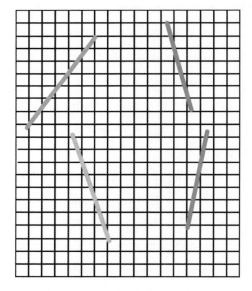

"瞧，"铅笔头接着说，"这些线段比较起来更难。怎样在它们中间找出最短的和最长的呢？"

"我找出了最长的线段。"小聪明说，"是这条红色的。"

"不对，蓝色的最长。"百事问打断了他的话。

"这样吵要吵到天亮了。"小博学说话了。"要知道，所有这些线段长度都差不多。用眼睛分辨不出其中哪一条最长，哪一条最短。需要更精确的方法……只是我不知道这样的方法……怎么办呢？"

你可以准确地分辨出这些线段中哪一条最长、哪一条最短吗？

小博学、小聪明和百事问满怀希望地看了看铅笔头：他肯定清楚该怎么做。

确实，聪明的铅笔头当然清楚，这时候需要用圆规来测量。他开始向朋友们讲解，如何借助圆规比较哪条线段更长，哪条更短。

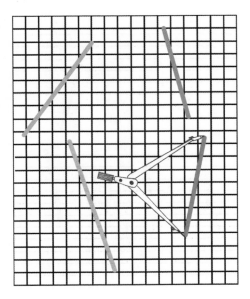

"比如，我们来比较一下红色和绿色的线段。先把圆规贴近红色的线段。然后我们就把红色线段搬向绿色线段。圆规的两条腿不能合起来，也不能分开！"

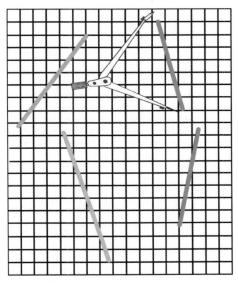

"现在每个人都清楚了，红色线段比绿色线段长。"

"啊哈！我就说了嘛，红色的最长。"小聪明带着胜利者的神态看了一眼百事问，"可你还争辩！"

"你是不是高兴得太早了，小聪明？"小博学发话了，"红色与蓝色、与橙色我们还没比呢。我们比比看。"

27

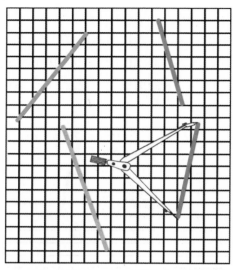

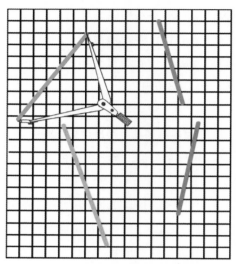

笔头说，"因为蓝色线段比红色的长，而红色的比绿色的长。就是说，蓝色

"瞧见了吧，小聪明，红色线段比蓝色的短。你错了。"

"那么，大概我是对的。"百事问怯生生地插了一句，"蓝色线段最长？应该把它跟绿色和橙色线段比一比。"

"不需要把它跟绿色线段比。"铅

的肯定比绿色的长。因此只需跟橙色线段比一比就行了。来，我们把圆规贴到蓝色线段上。"

"现在我们把圆规挪向橙色线段。

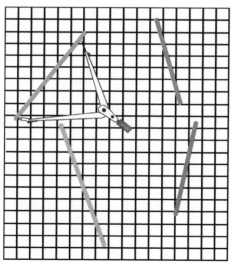

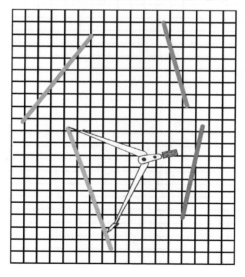

我们发现橙色线段比蓝色线段长。结论是，你，百事问，也错了。最长的线段是橙色线段。"

这些线段中哪一条最短呢？
现在你自己画几条线段（不是一个挨着一个，而是随便画）。取一支圆规来测量，找出其中最长和最短的线段。

铅笔头接着说道：

"好了，借助圆规比较线段我们也学会了。圆规还会帮助我们完成这样的任务：弄清楚两个物品之中哪一个更长（比如，门把手或是窗户的把手）。"

"不过为了达到这个目的不是每

29

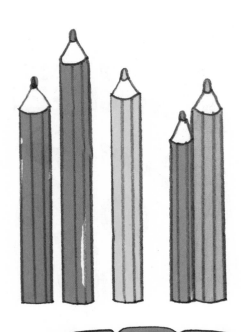

一次都需要使用圆规。为了弄清楚哪支铅笔更长，只需把它们并拢就行了。手指、各种玩具和其它物品也可以这样比。"

"不过你们想象一下，我们想要比较沙发和床——哪一个更长呢？圆规这时候可帮不上忙，因为它太小了。把沙发和床并拢难以做到，你总不至于为此挪动家具吧。怎么办呢？"

你也想一想，怎么能够在不挪动家具的前提下比较沙发和床的长度。小博学和小聪明猜到该怎么做了。看看这些图画，说说他们是如何弄清楚沙发或床哪一个更长的。

30

1.借助圆规比较线段。找出哪一条最长，哪一条最短。

2.这些线段中是否有长度一样的线段？

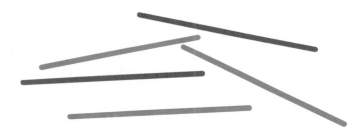

这些里面有没有长度一样的线段？

3.按照"大小个"把铅笔排列好，就像这样：

你也拿来你的彩色铅笔，按照"大小个"把它们排列好。

4. 黄铅笔比蓝铅笔短，而蓝铅笔比红铅笔短。黄铅笔和红铅笔哪一支更长？

5. 科里亚的个子比瓦夏高，但比谢辽沙矮。瓦夏和谢辽沙谁更高？

6. 伊拉和莲娜一般高。莲娜比奥丽亚高，而塔尼亚比伊拉高。塔尼亚和奥丽亚谁更高？

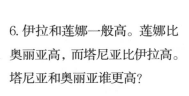

7. 费佳个子比阿廖沙高，伊戈尔比托利亚矮，但比费佳高。几个男孩按照大小个排好队，前面是个子最高的。说说看，谁站在谁后面？

8. 看一看你家里的东西：桌子，椅子，书柜，床头柜，窗台……确定一下，房间里的窗台和厨房里的窗台哪个更长；书柜和衣橱哪个更宽；地板到床头柜和地板到椅面哪个更高。再比比其他物品。

点点历险记（射线如何连接成角 /
橡皮强盗现身）；
　　快乐的小人儿们学习角（直角 / 锐
角 / 钝角）。

圆规不同意她的话，"你可别把直尺忘了。"

"难道说你一个人不能把射线连接起来吗？"

"当然能。不过那就可能成不了直线了！"

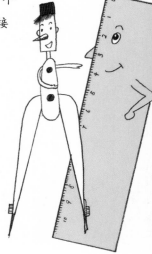

"我想听童话。"百事问说，"铅笔头，你什么时候继续讲？"

"现在就行。"铅笔头回答，"你记得我们说到哪儿了吗？"

"记得。点点请求剪刀把直线剪成了几条线段。圆规和直尺把剩下的射线连接起来了。大家都看到直线完好无损了。"

"好，那你们接着听童话吧。"

"怎么会这样？"点点惊讶极了。

"那我们就试试看吧。"

点点夸奖圆规，说他那么灵巧地把射线连接成了直线：

"好样的，圆规。真是能工巧匠啊！"

"那不是我一个人努力的结果，"

剪刀重新把直线剪成两条射线。

圆规把这两条射线拉到一起，把它们的两头连上，结果是这样的。

"是啊，"点点惊叹，"这不是直线。这个地方直着可过不去，得拐个弯才行。"

"这是什么？它叫什么呢？"

"这是**角**。"圆规说。

"角……角……"点点重复了几遍这个新词，"圆规，两条射线连接起来的那个地方叫什么？"

"角的**顶点**。你啊，小点点，现在就在角的顶点。从你这里开始的射线叫作角的**边**。"

"哎呀，圆规，你等等！这么多新名称！角、角的顶点、角的边……我怎么能一下子都记住！"

"你当然能！你顺着每条边从角的顶点滑上个一两次，就像从小山包上滑下来一样，你就记住了。"

角的顶点

角的边

35

点点喜欢这个建议。她先顺着一条边滑，然后再顺着另一条边滑。一边滑一边念念有词：

"我从顶点顺着射线滑下来，仿佛从小山包上滑下来。不过射线如今换了名称，它的名字叫作'边'。"

这时点点快活地大笑起来。她很喜欢这个笑话：射线突然间换了名。点点顺着角的边又滑了一会儿，然后回到顶点，对圆规说：

"我想滑得更快一些。能不能让小山包更陡一些？"

"能。"圆规回答。

他把角的两条边靠拢，变成这样：

"这可太陡了！"点点尖叫起来，"多尖的角啊！从这么陡的小山包上滑下去可是要倒栽葱了！不要这么陡！"

圆规把角的两条边拉开一点。

"现在好了。"点点说，"只是我已经不想滑

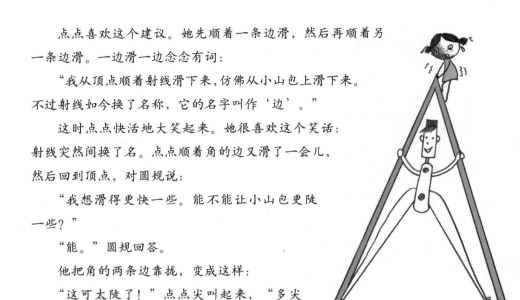

行了……圆规，你知道我现在在想什么吗？如果连接的不是射线，而是线段，那也会形成角吗？"

"也许吧……"沉思片刻之后圆规开口了，"那也可以称作角。"

"那我们就来看看吧！"点点兴奋地叫道。她想起剪刀把直线剪成了许多线段，她招呼线段们过来。线段很高兴点点想起了自己，它们跑过来，一个个结成了对子……

好了！每一对都构成了角。

这样的，

这样的，

还有这样的。

"你看，你看啊，圆规！"点点快乐地叫了
起来，"那么多各种各样的角！最后的这个像你。"

圆规刚想说话，突然，橡皮强盗不知从什么地方冲了出来，开始捣乱。她蹿到
第一个角跟前，"噌噌噌！"把它擦掉了。她扑向第二个角，"嗖嗖嗖！"她又把
第二个角擦掉了。冷酷无情的强盗把第三个角也擦掉了。点点本来也难以幸免，但
她及时地躲到圆规身后了。圆规也没反应过来，直到橡皮强盗消失得无影无踪。

点点伤心地哭了起来，她刚刚认识角，还没来
得及把它们看清楚呢，它们就已经没有了。
小点点哭了，圆规安慰她说：

"别哭了，小点点，别伤心。我们
会造出许多新的角来，既用射线，
也用线段。至于这个橡皮强盗，
我们还有机会收拾她。我们
会找到她，惩罚她，逼
着她做有益的事，而
不是捣乱。"

快乐的小人儿们听到这里，安静下来。小博学神情严肃，小聪明皱着眉头，百事问用两只拳头揉着眼睛，甚至抽泣了好几次。大家都可怜小点点。

"你们怎么都没精打采的？"铅笔头对朋友们说，"别难过，这是童话！童话的结局都是好的。你们也都听见圆规的话了。他们一定会找到橡皮，教训她，不让她再捣乱。所以啊，你们不要沮丧。我们最好来回忆一下圆规的话和他的做法。你来说，小聪明。"

你记得点点从圆规那里学到什么了吗？

"我来画吧。"小聪明回答。"哪儿那么多话！"

"点点了解到了什么是角。"

"那角的顶点呢！你把顶点忘了。"百事问插嘴道。

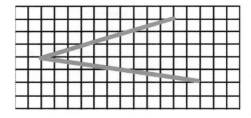

"我什么都没忘！这个是角的顶点，这个是它的边。"小聪明用手指着。

你也把小聪明画的角的顶点和边指出来。现在你自己画几个不同的角，指出每个角的顶点和边。数一数你画了几个角。

"我也画了一个角。"百事问说，"有顶点和两条边，你们看。"

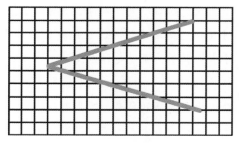

"顺便说一句，百事问，你的角比小聪明的角大。"小博学说。

"一个角比另一个角大，这是什么意思？"百事问问。

"我只是发现了这一点，但说不清楚。"小博学说。

小聪明惊讶地问：

"难道角是可以比较的吗？"

"当然可以。"铅笔头回答，"你们想象一下，百事问，你的绿角，小聪明，你的蓝角，是用彩色细铁丝做成的。可以把这两个角放到桌子上，这样把它们贴到一起：两个角的顶点合在一起，蓝角的一条边与绿角的一条边对齐。蓝角的另一条边在绿角里面。这就是说，蓝角比绿角小，绿角比蓝角大。明白吗？"

"明白。"小聪明笑着说。

"不，"百事问难过地说，"我不明白。"

铅笔头安慰百事问：

"没什么，现在你亲自做一遍，那样你就会明白了。你看，我在一张纸上画一个角。为了把它看得更清楚，我把角里面全都涂上颜色。"

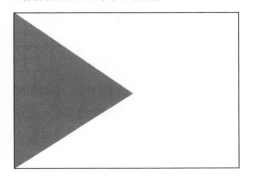

"你也在这张纸上画一个角，也把里面全都涂上颜色。现在拿一把剪刀，把两个角剪下来。"

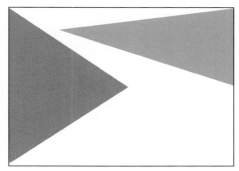

"啊！我猜到了。"百事问兴奋地叫道，"现在我把剪下来的两个角摞起来，那样我就会知道它们中的哪一个更大。"

铅笔头肯定了他的话：

"正确！不过别忘了，角的顶点必须重合。"

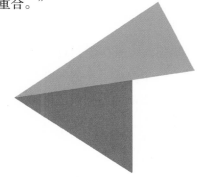

"红色的角更大。"百事问让大家看他的劳动成果。

小聪明和小博学各自用细铁丝制作了一个角，开始比较这两个角哪一个更大。他们把两个角摞起来，让它们顶点重合。结果是，角的边也都重合。是这样的。

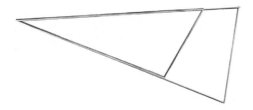

"我的角和小聪明的角一样大。"小博学说。

"你说得对。"铅笔头点了点头。"如果角的边吻合，那么角一样大。"

你也用细铁丝做两个角，
比一比哪个更大。
拿一张纸，画两个角，
每一个角都涂上不同的颜色，
把它们剪下来，比一比。

铅笔头、小博学和百事问画了一些角，每个都涂上不同的颜色，剪下来，比了比。他们积累了许多五颜六色的纸片。

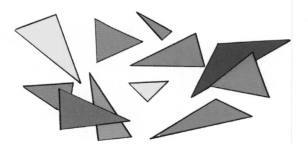

小博学有了主意，他把这些纸片粘到一根长长的线上。于是得到了一串漂亮的彩旗。

"这么漂亮的彩旗可以留到过节用。"百事问说。

小聪明这段时间一直坐在一边，什么都没做。

"我不想再学习角了。"他嘟囔着，"我们画角，剪下来，比较。除了彩旗什么都想不出来。我们干嘛要认识它们？谁需要这些角？"

"什么叫谁需要？"铅笔头惊呼，"大家全都需要，工人、工程师、建造者……"

"建筑师。"小博学接过话头，"我认识一个建筑师，安德烈叔叔。他对我说过角很重要。"

"建筑师是干什么的？建造房子

的？"百事问问。

"不，建造房子的是建筑工人。而建筑师在纸上设计房子，然后人们根据这个图纸建造房子。走，我们大家去找安德烈叔叔，看看如何在纸上设计房子。你啊，小聪明，会看到图纸上有多少角。"

安德烈热情地迎接快乐的小人儿们。

"来，你们看，朋友们。我们建筑师必须把以后建筑工人将要建造的一切都在图纸上表现出来：墙壁、窗户、门、房顶……"

"这张图纸上哪有角啊？我没发现角。"耐不住性子的小聪明说。

"你再仔细看看。比如，这个是表现墙壁边缘的线段，这个是表现房顶边缘的线段，它们形成一个角。"

"这又是一个角，又是一个……看到了吗？"

"现在我看到了！这里有很多角！

47

不过我觉得它们全都一样。对吗？"

"对，这张图纸上的角全都一样。这是**直角**。"

"老天，一样！"百事问突然叫了起来，"它们完全不一样。瞧，窗户里的角多小，墙壁与房顶那个地方的角多大。"

"哎呀呀！你啊，百事问，你忘了一样的角是什么意思。"铅笔头责备道，"问题不在于角的边是长还是短。应当把各个角摞起来。如果一个角的两条边与另一个角的两条边重合，那么两个角就是一样的。想起来了？"

"想起来了。"

"那样的话，"安德烈说，"你就可以确定我图纸上的角全都一样，都是直角。这张明信片给你。明信片上的每个角都是直角。你把它贴向图纸上的各个角。"

百事问是这样贴明信片的。

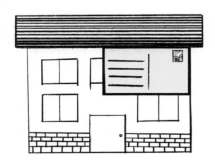

"对！边是重合的。就是说，墙壁和房顶之间是直角。现在我这样贴明信片。"

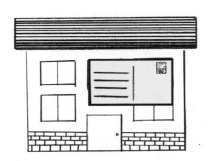

"你们看哪！这里的两条边也各自重合。就是说，窗边也是直角。也可以这样贴向其它窗户、门……对，图纸上的角全都是直角。"

这时小博学开口了：

"用明信片可以画出直角。把它放到纸上，用铅笔贴着两条边画线。"

"当然，可以这样画。"安德烈说，"不过使用三角板更方便。"

说完，他把一个三角板递给小博学。

"你看见了吧，这个三角板也有一个直角。"

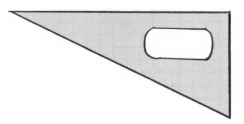

小博学拿起三角板，画了几个直角。

小博学画直角的时候，小聪明不知从哪儿弄来一个画图纸用的大尺子，拼命用鼻子擎着它，仿佛一个马戏团的杂技演员。

尺子就是不听话，总是从鼻子上歪下来，拍打着小聪明的两只手和额头。

不过这没让小聪明难过，他依然入迷地玩着，甚至哼起了刚刚想出来的歌谣：

我是个杂技演员，
用鼻子擎着尺子。
它问都不问一下，
啪啪弹着我鼻子。

安德烈不得不把尺子从小聪明那里抓过去。

"你呀你，坐不住的小家伙！"他说，"怎么样，你已经全都知道、全都明白了？"

"当然。"小聪明精

神抖擞地回答，"所有的建筑师都只画直角。"

安德烈放声大笑起来：

"你又乱下结论了，小聪明！来，你来看看这张图纸。"

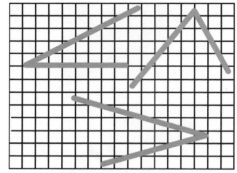

"一眼就能看出，这些角中的每一个角都比直角小。不过用肉眼不能够轻易地确定锐角，比如这一个。"

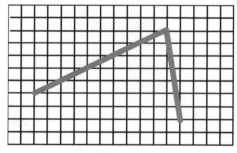

"房顶上的角难道是直角吗？"

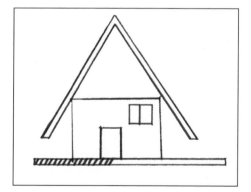

"这个角是不是锐角呢？只好检验一下了。我拿一个三角板，这样把它放上去。"

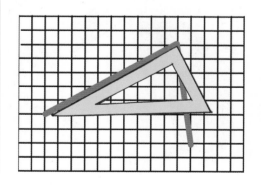

"不——是。"小聪明拖长了声音，"这个角比直角小。"

"对了。这是**锐角**。所有比直角小的角都叫锐角。你看着，我要画出几个锐角。"

"现在能看出来了，我刚刚画的角比直角小。那就是说，它是锐角。"

这时百事问开腔了：

"我在那栋小房子的图纸上发现还有锐角。"

"对，"铅笔头接过话头，"那里一共有五个锐角。安德烈叔叔，我可以把它们标出来吗？"

"可以。"

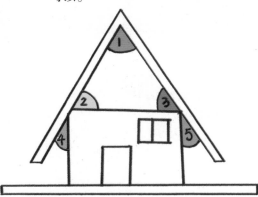

这里还有

一个房屋图纸。

指出里面所有的锐角和直角。

数一数，这里有几个锐角、几个直角。

这张图纸上一共有多少个角？

"请问，安德烈叔叔，"小博学突然问道，"比直角大的角也有它的名称吧？"

"当然。"建筑师赞许地对小博学微微一笑，"这样的角叫作**钝角**。来，你们来看看这张图纸。"

"这座房子的房顶就是个钝角，不需检验就能看出来，它比直角大。"

"那为什么一栋房子房顶的角是锐角，而另一栋是钝角？为什么把房子造得如此不同？"小聪明问。

安德烈开始解释：

"如果房顶上的角非常大，那么到了冬天房顶就可能存很多雪，雪太多可能让房顶承受不住。到了春天雪开始融化的时候，这种房子里面的东西容易湿。就是说，冬天雪多的地方最好造锐角房顶，因为这样的房顶上存不下很多雪，这样小房子会更暖和。嗯，如果在温暖的地方造房子，也不一定要有锐角房顶，可以盖成钝角的，甚至盖成平顶的。没有锐角的房顶建造起来更容易，也更快，而且甚至可

以在房顶上做些什么，比如晒太阳，
或者玩球。"

　　安德烈还给快乐的小人儿们讲了
很多有趣的事：建筑师如何设计房屋，
不同国家建造的房子如何不一样。建
筑师太需要几何了。

1. 下列这些角里哪个是直角，哪个比直角小，哪个比直角大。

2. 拿一个三角板，量一量这些角里是否有锐角。

有钝角吗? 有直角吗? 数一数，这里有几个锐角，几个钝角，几个直角。

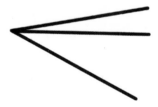

3. 这张图上有三个角。

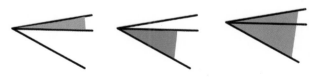

每一个角都涂上了不同的颜色。

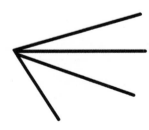

这张图上有六个角。

把每个角都找出来并涂上不同的颜色。

4. 拿一个三角板，画两个一样的锐角。再画两个不一样的钝角。

5. 每一个锐角都比任何一个钝角小，对吗？

6. 这张图上有两个锐角、两个钝角。把它们指出来。

在纸上画同样的图，把锐角涂一种颜色，钝角涂另一种颜色。

7. 拿一张纸。这样折。

现在把纸展开。折痕处出现一条直线。

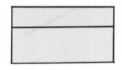

现在换一种方式折纸。

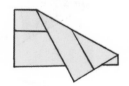

再把纸展平。

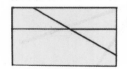

看一看你不需铅笔和尺子就得到的角。把每个角涂上不同的颜色。折叠纸张也可以得到直角。应该怎么做呢？

8. 取两根小棒儿放到一起，让它们形成一个角。用细铁丝做出一个角。你做的这些角是什么角？

9. 把两根小棒儿放到一起，让它们形成一个锐角。现在把小棒儿往两边挪，让它们形成一个直角。如果继续把小棒儿往两边挪，会形成什么角？对细铁丝制成的角你也这样做一遍。

10. 取两根红铅笔、两根蓝铅笔。用红铅笔摆成一个角。现在用蓝铅笔摆成一个比红铅笔角小的角。

11. 把铅笔摆成这样：

蓝铅笔摆成的角和红铅笔摆成的角哪个更大？要是想让蓝铅笔摆成的角比红铅笔摆成的角大，应该怎样挪动蓝铅笔？

12. 在院子里给孩子们造了两个小山包，黄色的和绿色的。

49

看一看百事问和小聪明用手指着的角。快乐的两个小人儿在争论：小聪明说他手指的角更大，百事问说自己手指的角更大。他们谁说得对？哪个山包更陡？从哪个山包上滑下来更快？

13. 看看钟表。钟表的指针也形成了角。你在图中看到的钟表正好指着两点钟，说说看，两个指针形成的是什么角？

这座闹钟指着五点钟。
两个指针组成的角是什么角？

这里还有一座钟。
九点整。你看到了，两个指针形成了一个直角。那你知道两个指针什么时候还会形成直角吗？

点点历险记（跨越墨海的桥／来到三角形之城）；
快乐的小人儿们动脑筋摆三角形（直角三角形／
钝角三角形／锐角三角形）。

快乐的小人儿们重新聚到铅笔头那里，小聪明说：

"真想知道，点点和她的朋友们能不能找到坏橡皮？可得好好教训教训她才是！"

"就是啊，铅笔头，我们很久没听你的童话了，请你接着讲吧。"百事问恳求道，"我想知道点点接下来经历了什么。"

"还有就是她又学到什么新知识了。"小博学补充道。

"好，"铅笔头说，"那你们就接着听童话吧。"

小点点哭啊哭啊，圆规安慰她：

"别哭，点点，别伤心。我们会收拾这个橡皮强盗的。我们找到她，惩罚她，让她做有益的事，而不是捣乱。"

点点和圆规上路了。圆规走在前面，大步流星，走得飞快。他的腿长，可小点点迈着小碎步，勉强才能跟上圆规。

圆规发现点点跟不上他，就让她坐在自己的肩膀上，大步流星走得更快了。

走了一个钟头，两个钟头……他猛地一下子停住了：一个巨大的墨水

湖挡住了他的路。

绕不过去，也跳不过去。看样子，这是坏橡皮干的。

"我们该怎么办呀？"点点问，"难不成要往回走？"

"那可不成，"圆规回答，"如果好好动动脑子，那就一定能找到出路。你看到湖中的小岛了吗？我当然是到不了那儿的，不过可以造一座桥！"

"怎么造？"

"我们的线段朋友们呢？我们叫它们过来帮忙！"

圆规刚一提到线段，它们眨眼之间就出现了。一条线段从岸边延伸到最近的一个小岛。第二条线段顺着跑到第一条线段的前头，咬紧接头。唰！延伸到了下一个小岛。第三条线段顺着前

两条线段跑过去，然后是第四条线段、第五条线段……唰—唰—唰！桥造好了。

"乌拉！"点点欢呼起来，"瞧这座小桥！多有意思啊！圆规，这条线叫什么？要知道，它不是直线。"

"这是**折线**。"

"哈哈哈！"点点大笑起来，"多可笑的名称，折断线！谁把它折断了？"

"不是折断线，是折线。听人说话要听仔细。"

"我——我——我……就是说，线段还可以形成折线？"

"对，"圆规肯定地说，"我们这就顺着这条折线到对岸去。"

他们到了对岸，接着往前走。走啊走啊，他们看到远处有一座城。

他们想靠得更近一些，可是路上有卫兵站岗，不放他们过去。

"为什么不让我们往前走啊？"点点惊讶地问。

"因为，"卫兵回答，"因为从这里开始就是进入我们城市的路。我们只放那

些已经对几何有所了解并且想要了解更多的人进去。"

"那就放我进去！我知道很多几何的事。"

"你究竟知道什么？"

"直线、线段、射线、角、折线。"点点一口气说道。

"哼，难道这叫多！你知道，比如说，什么是**三角形**吗？"

"不，不知道。"

"那你想知道吗？"

"当然想了。"

"这个不难做到。"在此之前一直没说话的圆规开口了。他叫来三条线段，线段的头儿相互连接起来，像这样：

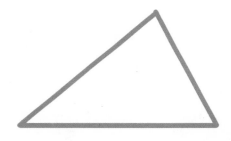

"这是什么？"圆规问。

"这是折线！"点点大叫。

"对。那折线里有几条线段呢？"

"三条。"

"几个角呢？"

"我这就来数一数。一个，两个，三个！角也是三个！"

"嗯，这就是三角形。三角形里面的线段叫作**三角形的边**，角的顶点叫作**三角形的顶点**。"

"懂了。"点点点了点头。然后她专注地看了看卫兵，对他说："现在我明白你为什么问我三角形的事了。你自己就是三角形的。"

"当然。"卫兵回答，"我们城里的所有居民都是三角形的。所以它叫三角形之城。"

"那现在你会放我们进入三角形之城了吗？"

"放。请进吧。"

点点和圆规进了城。这座城令人惊叹。里面的东西全都是三角形的。房子是三角形的，房子上的窗户和门是三角形的。街上生长着三角形的花。花园里，三角形树木上挂着三角形的苹果和三角形的梨。

小点点忍不住兴奋起来。

"啊，圆规，你瞧瞧啊，这里多有意思！四周有多少三角形，它们全都不一样！你看，你看啊！看这个，多长，多细，简直笑死人了。还有那个，简直都要倒了。它怎么能站住呢！"

"是啊，"圆规说，"我见过很多三角形，不过还没到过三角形之城。这里的确很有意思。现在你，点点，应该清楚地知道什么是三角形，通常有什么样的三角形。"

突然，点点和圆规看到了一幅奇怪的画面：他们面前有一栋房子，不过不知为什么它不是三角形的，像是有人把它给弄坏了。

"谁把房子毁成这样？"点点义愤填膺。

"是坏家伙橡皮强盗。"从他们身边走过去的一个三角形回答。

"什么！她都到这儿来了？"圆规惊呼。

"是啊，昨天她袭击了我们的城市，毁坏了几栋房子和树，有一些甚至干脆被她擦掉了。现在建筑工人有很多活要干：要尽快把一切都修好。"

点点和圆规靠近被毁坏的房子，开始观察三角形的建筑工人如何用砖垒砌房子的新墙（砖当然也是三角形的）。

最下面一排的砖垒砌成锯齿状。

然后建筑工人把砖放进这些锯齿之间的空隙。

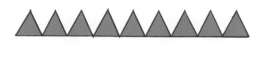

然后垒一排新的锯齿，用砖填充空隙……眼看着墙壁越来越高。

建筑工人活干得很灵巧。发现点点和圆规正在看着自己，他们快活地对客人眨眨眼睛，相互之间使了个眼色，整齐地唱起歌儿来：

你看看我，你看看他，

你看看我们大家伙。

我们全体，我们全体，

我们全体各有三。

三条边，三个角，

顶点也是三个整。

三次碰上难题

我们三次完成。

我们城市的一切，

啊，朋友，

和谐无边。

我们是三角家族，

每个人都应该，

与我们相识！

伴着歌唱活儿干得更快了，眨眼
之间墙壁就建好了。

"我们是三角家族，每个人都应该，
与我们相识！"点点跟着唱起了最后
几句歌词，她喜欢这首歌儿。然后她说：
"橡皮也伤害了我和圆规。她消灭了

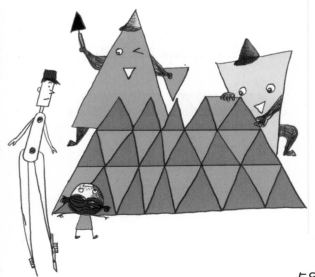

多少角啊，差点儿就把我也擦掉了！
这不，我们决心逮住她，惩罚她。我
们已经走了很长的路，可还是没找到
她藏哪儿去了。"

"这个我们也不知道。"三角形的
建筑工人说，"不过坏家伙一定要教训。
我们一起找她吧。带上我们当帮手。"

"好啊，"圆规回答，"我们一起
走吧。"

"不行，"三角形的建筑工人
说，"步行时间太长了。我们的旅行
速度可以快得多。"

"怎么做？"圆规和点点异口同声
地问。

这时铅笔头长出了一口气，停下
不讲了。

"今天就到这儿了。"他说，"下
回接着讲。"

"可我猜到他们会怎么旅行了，"小聪明信心满满地宣称，"他们会乘坐汽车，对吧？铅笔头，我猜对了吧？"

"我不知道……也许吧。你又操之过急了，小聪明。等到下回再说。"

"那我们现在学习什么？"百事问问。

"什么叫学习什么？"小博学惊讶地说，"我们可以画三角形，用小棒儿拼三角形……"

"你以为用小棒儿拼三角形是难题啊！"小聪明把鼻子往上翘了翘，不屑一顾地说，"你拿三根小棒儿，把它们的顶端连接起来，那不就是三角形了嘛。"

铅笔头冷冷地笑了一声，说道：

"怎么，你以为随便拿三根小棒儿都能拼出三角形吗？"

"当然了！"

小聪明从桌子上拿了三根小棒儿，拼出了一个三角形。

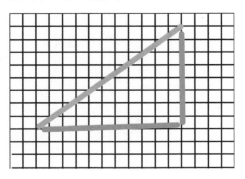

你怎么认为，随便拿三根小棒儿都可以拼出三角形吗？

"好，"铅笔头接着说道，"现在，你瞧，给你这三根小棒儿。"

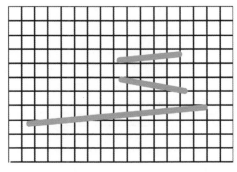

"瞧好吧。"小聪明信心十足地开

可是每一次都有两根小棒儿的顶端对不上。

"怎样？"铅笔头冷笑了一声。

"是——啊——"小聪明声音拉长了。

"唉！"百事问叹了一口气。

"瞧瞧！"小博学最后说。

四个人同时大笑起来。小聪明说："我错了。这个三角形拼不出来。"

"当然拼不出来。"小博学肯定了他的话，"这三根小棒儿中的两根小的加起来也比最后一根短。看见了吗？"

始了，可是……他再也说不出话来了，因为不管他怎么努力，小棒儿都拼不成三角形。小聪明呼呼喘起了粗气，把小棒儿的顶端相互对，成了这样：

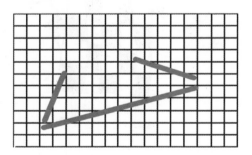

然后又这样：

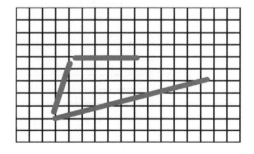

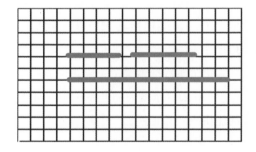

"所以啊，朋友们，你们记住，"铅笔头说，"不是任何三根小棒儿都可以拼出三角形。为了用三根小棒儿做出三角形来，一定需要这样：不管我们拿三根中的哪两根，它们加起来一定要比第三根长。"

"就是说，每个三角形中的任何两条边加起来都比第三条边长。我理解得对吗？"小博学问。

"对。"

小博学拿来三根长短一样的小棒儿，用它们拼出一个三角形。

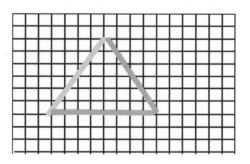

"用三根长短一样的小棒儿怎么都能拼出三角形。"他说。

"没错，没错。"铅笔头点了点头。

"对，这样的三角形人们说：它的三条边全都相等。所以呢，它的名称是**等边三角形**。"

铅笔头说话的时候，小博学拿起橡皮泥，用它把自己的等边三角形小棒儿粘在一起。

"你们看，做得多好！"小博学让朋友们看。"我用橡皮泥把三角形的顶点全都粘上了。现在三角形可以拿在手里，它不会散架。"

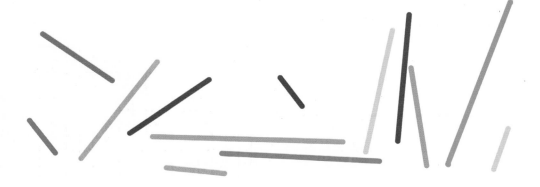

"你们注意，"铅笔头说，"等边三角形的三个角也是一样的。它们每一个都是锐角。"

"我有个想法，"百事问突然从他自己的位子上一跃而起，"有没有一个角是直角的三角形……有吗？"

"当然有了。"铅笔头回答，"这样的三角形很容易画出来。"

"怎么画？"

"先画一个直角。"

百事问拿起三角板，把它贴到纸上。没过一分钟，直角就画好了。

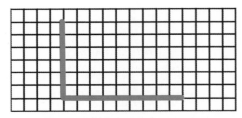

"现在你把线段的顶端连起来。"

"遵命，好了！瞧，这就是有一个直角的三角形。"

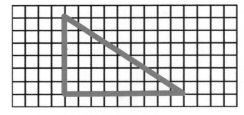

"这样的三角形叫什么呢？"

"**直角三角形**。"

百事问非常满意。他又画了几个直角三角形。

你也画几个直角三角形。

百事问一言不发地在纸上忙活了一阵儿，然后让大家看他的图。

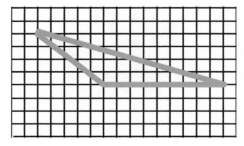

"这个是有一个钝角的三角形！铅笔头，它叫什么？"

小聪明笑了起来：

"你啊，百事问，跟童话里的小点点完全一样。她也总是问：'这个叫什么？'有一个钝角的三角形叫什么，这个很清楚，它叫**钝角三角形**。"

小聪明把自己跟小点点比，这让百事问生气了。

"怎么，问还不成吗？"他说，"既然你那么聪明，木偶人小聪明，那你告诉我，有两个钝角的三角形叫什么？"

你想想，是否存在有两个钝角的三角形呢？

有意思的是，小聪明会怎么回答百事问呢？

小聪明猜到了，不可能做出有两个钝角的三角形。因为那样的话，三条线段中的两条就会向外分开，像这样：

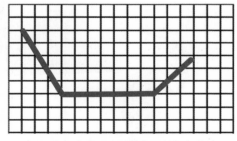

无论如何都不可能把顶端连起来。

"没有这样的三角形。"小聪明宣布。

"也没有一个角是钝角、另一个角是直角的三角形。"小博学补充说道，"而且三角形中也不可能有两个角是直角。"

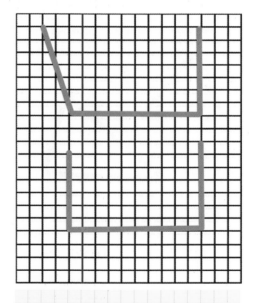

解释一下，为什么不可能存在有两个直角的三角形，不可能存在一个角是钝角、另一个角是直角的三角形。

63

铅笔头认真地听着朋友们的对话。

"我们已经弄清楚了，三角形里面的角有可能是什么样的角。"他说，"现在我们知道了，三角形的三个角中有两个一定是锐角。第三个角可能是锐角，或是直角，或是钝角。三角形的名称与这个角有关。如果它是锐角，那就叫**锐角三角形**。

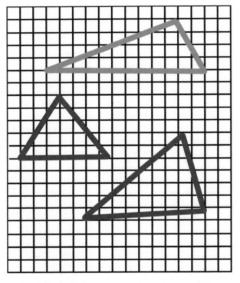

"如果是直角，就叫**直角三角形**。"

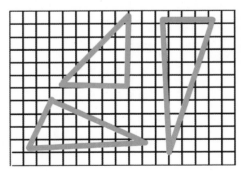

"如果是钝角，就叫**钝角三角形**。"

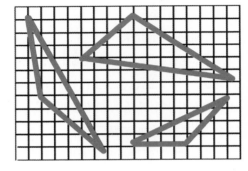

"记住了吗？"

"记住了。"百事问代表大家回答，"不过我已经学累了。我们去街上玩吧。"

快乐的小人儿们跑出家门，开始玩各种游戏。每一次，当游戏中必须

有人出来当头头的时候，小聪明都会高兴地念叨一首新的咒语诗①。还在听童话之前他就想出来了。这首咒语诗是这样的：

一，
　　二，三，
　　　　四，五。
点点们
出门玩。
突然一下子，
　　　橡皮跑出来，
擦掉一个点。
这该怎么办？
　　如何想办法？
出列
　一个
　　当头头！

小人儿们一直玩到黄昏。夜里，当大家都入睡的时候，百事问做了一个梦。他梦见自己是著名的旅行家，他在几何国里旅行。他拿来一条用三条线段做的折线，为自己造了一条小船，然后用一条很长很长的、里面有很多线段的折线做了大海，他就坐着小船在这片大海里航行。

后来他出发去了山里。山的锐角高耸入云。不过百事问没费劲就爬到

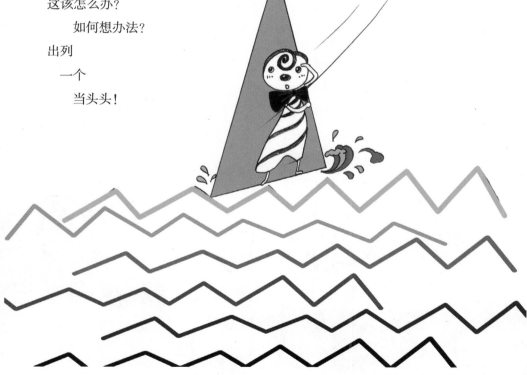

① 俄国儿童集体游戏需要有人主持时，往往通过这样的歌谣把主持人选出来，一句或一个词点一个人，最后一句或最后一个词点到的人就是主持人。——译注

怪的事：这个三角形开始改变自己的形状。它刚一变成钝角三角形，就突然又变成直角三角形了……后来变成了锐角三角形！

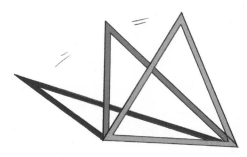

最高、最陡的山峰之巅了。

后来群峰不知为什么变成了三角形。它们从四面八方围住百事问，开始拽他的袖子，与此同时还说着什么，问着什么。"我叫什么？……我是什么三角形？……那我呢？……还有我呢？……"百事问在一片嘈杂的声音里终于分辨出了这些话。各种三角形在他眼前忽隐忽现。百事问头脑糊涂了，不知该回答谁的话。他完全不知所措，站在那儿什么话都说不出来。这时一个三角形跨步向前，为了让其它三角形都能听到，大声喊道："你们住口！别问他了。他大概什么都不知道。得把一切都展现给他看！"这时发生了一件无比奇

百事问惊奇地观察着三角形的变化，这时那个三角形快活地、一字一句地朗诵道：

　　每一个小朋友
　　都认识我呀，
　　我是三角形啊，
　　钝角的、直角的、锐角的三角形！

"我已经知道三角形了！"百事问想高喊……结果他醒了。

1. 在格纸上点三个点，像这样：

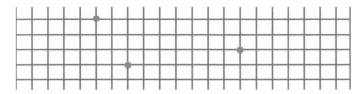

如果用线段把这些点连接起来，它们就会成为三角形的顶点。你用线段把它们连接起来。是什么三角形呢？

这些点会是什么三角形的顶点呢？

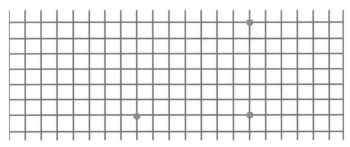

那这些点呢？

2. 你在格纸上点三个点，让它们成为锐角三角形的顶点。然后再点三个点，让它们成为直角三角形的顶点。最后点钝角三角形的三个点。

3. 在这些三角形里找出所有的锐角三角形、直角三角形、钝角三角形。

67

4. 在没有格子的纸上画出锐角三角形、直角三角形和钝角三角形。把每个三角形涂上不同的颜色，把它们剪下来。

5. 用纸剪一个三角形。想想看，如何沿着直线把它剪成两个三角形。

6. 在格纸上画出一个这样的三角形。

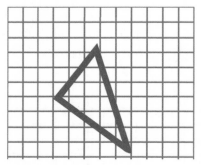

指出这个三角形的顶点，找出最短的一条边和最长的一条边。

7. 这个三角形里有两条边长度一样，指出这两条边。

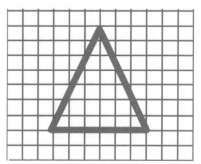

两条边长度相等的三角形叫**等腰三角形**。下面也是等腰三角形。

指出每个三角形里面长度一样的边。

8. 这些三角形里有等腰三角形吗？检验一下。

有几个?

9. 借助橡皮泥用小棒儿做出两个等边三角形。

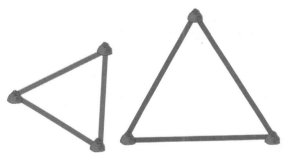

把这两个三角形摞到一起，你会看到，它们的角全都相等。

10. 等边三角形的三条边长度一样，就是说，它有两条边的长度自然是一样的。因此可以说，每个等边三角形都是等腰三角形。想想看，可以反过来说每个等腰三角形都是等边三角形吗？

11. 画一个等腰三角形，不要让它成为等边三角形。

12. 这是一个等腰锐角三角形。

这个是等腰钝角三角形。

画一个等腰直角三角形（在格纸上做起来更容易）。

13. 用纸剪一个等腰三角形。

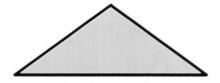

把它对折。

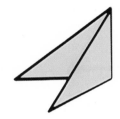

现在把它展平，沿着折痕剪开。

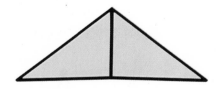

你瞧，现在有了两个直角三角形。你要发现，把它们摞起来的时候，它们可以重合。这是全等三角形。

14. 用纸剪出两个全等直角三角形。

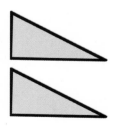

把它们对在一起，像这样：

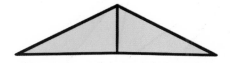

然后这样对起来：

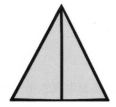

你会发现，两次得到的都是等腰三角形。

15. 从长椅到喷泉有两条小路可走。哪条路
更短呢？

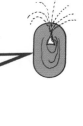

16. 量一量，钝角三角形中最长的一条边是那条对着钝角
的边。想想看，直角三角形中最长的边是哪一条。

17. 这张图中有两个三角形。请把它们
指出来。

这里有三个三角形。

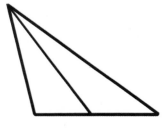

瞧，它们每一个都涂上了不同的颜色。

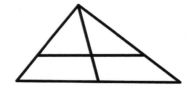

这张图中有六个三角形。

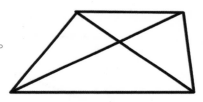

这一张图上有八个三角形。

努力把它们都找出来。

18. 三根火柴棒可以拼成一个三角形。
如何用五根火柴棒拼出两个三角形呢？

19. 用火柴棒拼出五个三角形，像这样：

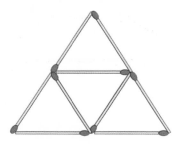

指出这些三角形中的每一个。拿走三根火柴棒，使三角形只剩一个，怎么做呢？

72

　　快乐的小人儿们来到学校（四边形 /
矩形 / 菱形）；

　　点点历险记（追踪橡皮强盗 / 发生事
故 / 到达四边形之城）。

快乐的小人儿们又见面时，百事问向朋友们讲述了他的梦：如何在海上旅行，如何爬山，如何出现在各种三角形中间。他甚至尝试着描述那个三角形如何变换它的样子。

他还想起了这首三角形的诗：

　　每一个小朋友

　　都认识我呀，

　　我是三角形啊，

　　钝角的、直角的、锐角的三角形！

百事问一边挥舞着两只手臂，一边朗诵着。

"我们还要很久才能上学前班吗？我想在学校里学习，我想成为学生。"小聪明开口说道，"我们去上学吧！"

铅笔头笑了起来：

"你说什么呢，小聪明！学校暂时不会收我们的。因为我们还没长大。"

"唉，真可惜！……哪怕让我们去看一看也好啊，看看那里、学校里的一切……"

学校里明亮、安静。快乐的小人儿们靠近教室的门。小聪明把门推开一点，小心翼翼地把鼻子伸进门缝。

教室里没有学生，看样子，课已经上完了。桌边坐着一个女老师，正在翻阅作业本。看到小聪明，她微微一笑：

"小聪明？你一个人在这儿？"

"不是，我和朋友们来看看学校。"

"好啊，请进，进来。我们来认识一下。我叫尼娜·帕夫洛夫娜，你们大家我当然都认识了。"

小聪明、百事问、小博学和铅笔头好奇地观察着周围的一切，尼娜给他们讲解：

"这是课桌。上课的时候学生们坐

些什么，小博学？"

"我要画直角三角形。"

"难道你知道什么是三角形，什么是直角？"老师惊讶地问。

"对，我们全都知道。因为我们在跟铅笔头学习几何。"

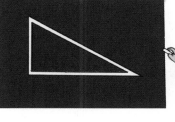

在课桌后面。这是黑板和粉笔。我们经常用粉笔在黑板上写字、画图。你们也可以试试用粉笔画点什么。来，小博学，到黑板前面来。其他人就坐到课桌后面吧。"

"就好像我们是学生！我们要玩上学游戏？"小聪明兴奋地说。

"行啊，"尼娜说，"可以玩一玩上学游戏。坐好，别出声，小博学要在黑板旁边回答问题。你要给我们画

"听到这个真让我高兴。好样的！你们了解到的知识上学时会对你们有用。那你们还知道些什么？"尼娜问铅笔头，"嗯，比如四边形，你对朋友们讲过了吗？"

"没有，还没来得及呢。"

"如果是这样，那我就给你们讲讲四边形吧。我们可是说好了要玩上学游戏的。就是说，我必须给你们讲解点什么，还要考考你们。"

"那您会给我们打分吗？"小聪明惊喜不已。

"不，不会。我们等等，等你们正式上学的时候再说。现在呢，你们看好了，我在黑板上画一个**四边形**。

百事问，你是怎么想的，它为什么叫这个名称呢？"

"也许是因为它有四个角吧。"①

说说看，百事问回答得对吗？

"对。"尼娜说，"小博学，你来指一指这些角的顶点，它们叫作**四边形的顶点**。"

"它们在这儿呢，"小博学指了指，"而这些是**四边形的边**，它们也是四个。"

你也来指一指
老师画出的四边形的顶点和边。

"好样的，小博学。"尼娜夸奖他，"现在你自己来画出一个四边形。你们也都到黑板前面来，每人画一个四边形。"

第一个画的是小博学。

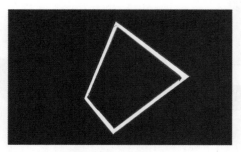

然后是小聪明。

然后是铅笔头。

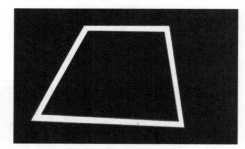

你也拿出一张纸，画几个四边形。

最后一个走到黑板前面的是百事问。他的样子神秘而庄严，一边走近黑板还一边说：

"有一次，我……我不知在哪儿

---

① 俄语中的"四边形"叫"四角形"，百事问说这样的图形叫"四角形"是因为它有四个角，其原因就在这里，即所谓"顾名思义"。不过考虑到汉语的习惯，我们统一称其为"四边形"。——译注

听到过'直角形'①这个词。现在我就画一个！"

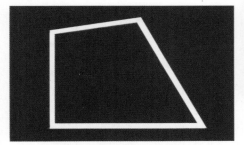

"你为什么称这个是直角形呢？"尼娜惊讶地问。

"它有直角啊！在这儿呢。"

"是的，可是它只有一个直角。而你说的直角形准确地说应该叫**矩形**，是四个角都是直角的四边形。你来，铅笔头，你来给我们画一个矩形。"

"这就是矩形，"他说，"它的四个角全都是直角。"

"好，"尼娜说，"现在你们看看四周，说出矩形形状的物品。"

"窗户！门！黑板！"小聪明、百事问和小博学争先恐后地说。

你也来试着画一个矩形。

（这个在格纸上很容易做到）

铅笔头抓起一个大三角板，把图画出来了。

---

① 这个词用专业术语说就是"矩形"，因为它四个角都是直角，俄语中是根据形状产生的这个词语。由于百事问望文生义，我们在这里先把它说成是"直角形"，以后按照术语称它"矩形"。——译注

你也看看四周，
说出矩形形状的物品。

"你们注意，"尼娜指着铅笔头画的图继续说道，"矩形中的这两条边长度一样，或者像人们通常说的，它们相等。"

"这两条边也相等。"

"总之，任何一个矩形中的对边都是相等的。"

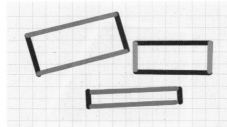

这里有几个矩形。

每一个里面的对边都涂着一样的颜色。

量一量，

对边的长度是相等的。

"现在呢，我们要用小棒儿来拼矩形。为此需要拿什么样的小棒儿呢？"尼娜问，"知道的请举手。"

第一个举手的是小博学。

"两根长度一样的和另两根长度一样的。"他这样回答老师的问题。

"正确。"尼娜说，"来，给你这样的小棒儿。你来用它们拼出一个矩形。"

你也用小棒儿拼出一个矩形。

（别忘了，矩形的角都必须是直角。）

78

突然，小聪明在自己的位子上坐不住了，他先是举起一只手，然后又举起另一只手。

"老师，尼娜老师！请您也给我四根小棒儿。不过要四根长度都一样的。我要用它们拼一个矩形。要知道，用它们是可以拼出矩形的吧？"

"当然。用四根长度一样的小棒儿自然是可以拼出矩形的。"

"我已经拼出来了！"心满意足的小聪明高喊。"你们看！"

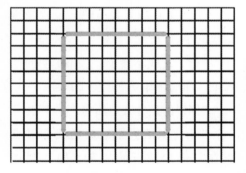

"四条边相等的矩形，也许它叫等边矩形吧？"

"通常不这么说。"尼娜说，"四条边相等的矩形有一个专有名称，它叫**正方形**。所以啊，你，小聪明，做出了一个正方形。"

这时铅笔头把手举了起来。

"尼娜老师，我知道一个几何谜语，我想让人猜猜。可以吗？"

"当然可以。我们很愿意听听你的谜语。"

铅笔头从课桌后面走出来，大声说了起来：

它是我的老相识，

每个角都是直角。

四条边啊，

长度都一样。

我很高兴

介绍你们认识。

它的名字是什么——

"正方形！"快乐的小人儿们齐声说出谜底。铅笔头走到黑板跟前，拿起一根粉笔，画了一个大大的正方形。

你也在格纸上画几个正方形。
把每个正方形涂上不同的颜色。

"我也要四根长度一样的小棒儿。"百事问恳求道，"我也想拼正方形。"

尼娜给了百事问四根长度一样的小棒儿。

你也拿出四根长度一样的小棒儿，努力拼出一个正方形来。

百事问的正方形没拼成。他拼出了这样一个形状。

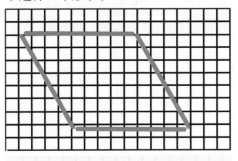

想想看，为什么这个形状不能叫正方形呢？

"你啊，百事问，拼出的不是正方形。"老师说。

"为什么呀？！这个四边形的边可全都是相等的呀。"

"那又怎样呢！不是四边相等的四边形都叫正方形。你把角忘了。它们都必须是直角。而你的四边形的角不是直角。所以啊，它不能叫正方形。"

"那它叫什么呢？"百事问问，然后提心吊胆地看了一眼小聪明，"你，小聪明，又要戏弄我了吧，说我像童话里的小点点？"

"行了，我不会了。"小聪明向他保证，而尼娜却立刻产生了兴趣：

"你说的是什么童话啊，百事问？"

"几何童话！铅笔头给我们讲点点在几何国旅行的故事。她和圆规到了三角形之城。三角形知道了圆规和点点在寻找坏家伙橡皮强盗以后，请求他们带上自己当帮手。因此他们决定一起前行，逮住橡皮，惩罚她。"

"这很有意思。"尼娜说，"我也很愿意听听有关点点的童话。"

小博学飞快地举起手来。

"你想说什么，小博学？"

"铅笔头可以现在就接着讲童话

吗？我们很久没听了。"

"我同意。来，我们请铅笔头给我们接着讲童话。不过，首先我必须回答百事问的问题。你们记得吧，他问过我四条边都相等的四边形叫什么。这样的四边形叫**菱形**。你们看，我要在黑板上画出几个菱形。"

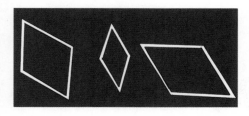

你也用小棒儿拼几个菱形。

尼娜放下粉笔。

"好了，"她说，"我们好像上了一堂课一样。课上完的时候通常要布置家庭作业。我也给你们布置家庭作业。你们想一想，有直角菱形吗，可以这样说吗？"

这个问题你也想一想。

"现在可以转向童话了。我们听你讲，铅笔头。"

大家全都舒舒服服地坐好，铅笔头接着讲起了童话。

三角形建筑工人们说：

"一定要教训坏家伙。我们一起去找她吧。把我们带上当帮手。"

"好啊，"圆规回答，"我们一起走吧。"

"不行，"三角形建筑工人说，"步行时间太长了。我们的旅行速度可以快得多。"

"怎么做？"圆规和点点异口同声地问。

"我们坐飞机。"

"乌拉！"点点兴奋地喊道，"我还从来没坐过飞机呢。这不可怕吧？"

"不，"圆规让她放心，"正相反，这非常有意思。我们快点去机场吧！"

机场有一架大飞机。

它已经准备好要起飞了，一对三角形的机翼贴在两侧，就好像整个飞机

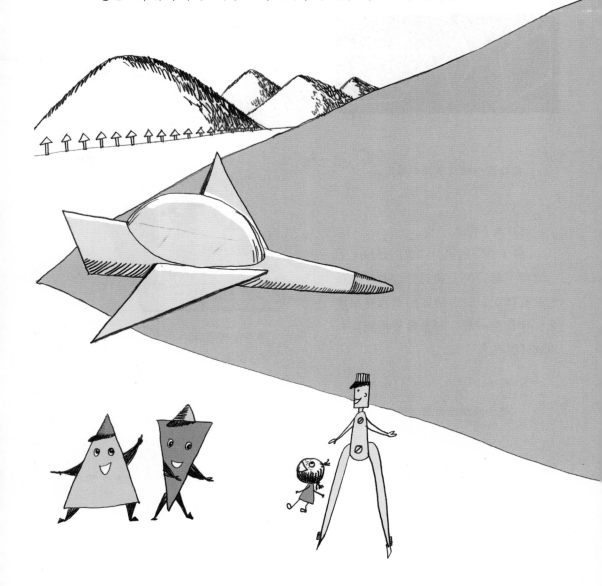

都在向前冲似的。点点、圆规和他们的朋友们上了飞机，飞机的发动机轰鸣起来，在跑道上冲刺，飞起来了，开始迅速地攀升。

点点好奇地望着舷窗外面。遥远的下方，道路像直线通向不同的方向，弯弯曲曲的河流和小溪像曲线与道路交叉在一起。在这些线中间坐落着正方形的房子、长方形的花园和菜园。

突然，点点发现一个正方形消失了，不知到什么地方去了。然后又消失了一个正方形。

"你们看哪！"点点喊道，"那里的正方形正在消失呢！"

"得降得再低一些才能看清那里在发生什么事情。"圆规提议说。

飞机降低了，大家全都看到了橡皮强盗。她又在捣乱了，正在无情地把房子擦掉。

"是她！抓住她！"点点高喊。

大家全都从位子上跳了起来。

"冒出来了！现在她逃不脱我们了！"到处都传出喊叫声。

飞行员直接把飞机开向橡皮。她发现了追捕者以后开始逃跑。橡皮跑得快，而飞机飞得更快。这不，它已经追上橡皮了，可是就在这时，飞机的一个机翼不经意擦到了一棵树，机翼颤抖了一下，飞机开始摇晃，速度大大减慢了。橡皮逃掉了。

"怎么了？发生什么事了？"乘客们开始躁动。

"我们的飞机损伤了一个机翼，"飞行员宣布，

"需要立刻降落。"

"我看到那儿有一座城市！"圆规用手指了指，"城里肯定有机场。"

"我们就往那儿飞。"飞行员说。

飞机艰难地飞到机场，降落了。城里的居民迎面向旅行者们走来。一眼就能看出来，他们全都是四边形的。

"我们很高兴，欢迎你们来到我们的四边形之城，很高兴帮助你们。"迎接的人说。

"就是说，我们到了四边形之城！"点点惊呼，"有意思！我都不知道有这样的城市。我们是从三角形之城飞过来的。我们在抓橡皮强盗呢。"

"你们在抓橡皮？"四边形问，"我们听说了她的胡作非为。强盗是一定要逮住的。我们该如何帮助你们呢？"

"我们的飞机需要换一个机翼。"飞行员说，"这件事可以在你们的城市做到吗？"

"当然可以了。走，我们去制造飞机的工厂。那里有各种各样的机翼。"

大家全都出发去工厂。

路上点点好奇地看着两边。

"你看那儿，圆规，"她惊奇地说，"这条街上的四边形几乎全都一样，它们的角是直角。"

"这不惊奇。"圆规说，"我们现在行走的街道叫矩形街。"

"那这座城里也有菱形街了？"

"有。距离这里不远，与矩形街交叉。"

"正方形街大概也有吧？"

"没有，没有专门的正方形街。正方形位于矩形街和菱形街交叉的地方。"

"为什么这样……"点点开口问了，可圆规打断了她的话：

"我以后把一切都解释给你听。现在我们不能浪费时间，不然的话，橡皮就会彻底逃远了。我们必须赶紧去工厂。"

工厂里有非常多的飞机机翼。可是……它们全都是四边形的！

"出现难题了，"飞行员沮丧地说，"这些机翼不合适。因为我们的飞机来自三

角形之城，装上四边形的机翼它飞不了。它的机翼必须是三角形的。"

那该怎么办呢？谁都想不出主意。这时圆规提出了建议：

"我们把剪刀叫来吧。他肯定有办法的。"

剪刀了解到是怎么回事以后，兴奋地大叫：

"这太容易了！沿着**对角线**把四边形的机翼剪开，那就是两个三角形机翼了。"

"我没听懂，什么叫沿着对角线剪开？"点点问，"什么是对角线？"

"你一会就了解了。"剪刀说，"你看：这是飞机的机翼。"

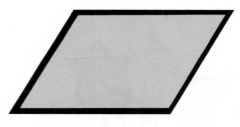

"它的形状是四边形。我招呼一条线段来，让它把四边形的对角连上……好了！"

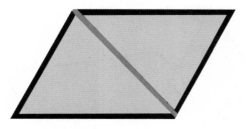

"这就是四边形的对角线。"

"懂了，"点点说，"对角线连接对角。"

"你看，"剪刀接着说，"四边形里还有一对对角。它们也可以用对角线连上。"

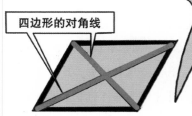

四边形的对角线

"就是说，四边形里有两条对角线？"点点问。

"是的。"剪刀回答，"现在我们沿着对角线中的一条把四边形的机翼剪开。瞧，这就是你们的两个三角形机翼！

随便拿一个。"

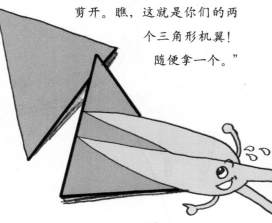

四边形工人们迅速用新机翼换下

受损的机翼，飞机准备好继续飞行了。大家感谢了四边形之城好心的主人们，感谢了剪刀。之后点点、圆规和三角形建筑工人们上了飞机。跟他们一起上飞机的还有剪刀，他也决定参加追捕。飞机升空了，又去搜寻橡皮了。

说到这儿，铅笔头不讲了。

"好吧，朋友们，"他说，"我们该走了。就算这样，我们也已经占了尼娜老师许多时间了。"

"怎么能这么说呢！"尼娜不同意这样的说法，"跟你们谈话让我感到很愉快。你们的童话也很有趣。"

"童话还告诉我们，对角线住在哪里。"

小聪明唱了一句，然后狡黠地看了一眼老师。尼娜哈哈大笑起来：

"你的歌儿不错啊，小聪明。那它们，对角线，住在哪儿呢？"

"四边形里。它们连接对角。"

"正确。瞧，这是几个有对角线的四边形。"

小博学问道：

"尼娜老师，五边形也是有的吧？"

"是的，有。"

"那六边形呢？"

"六边形也有。"

"五边形和六边形里有多少对角线呢？"

"小博学，这道题已经足够难了。等你上了学，学到更多的知识，你就会解开这道题了。你还可以解开很多其他的题，甚至更难的题。"

1. 画一个四边形，指出它的顶点和边，连上对角线。

2. 用纸剪一个四边形。如果现在沿着这条对角线剪开的话，那就会产生两个三角形。

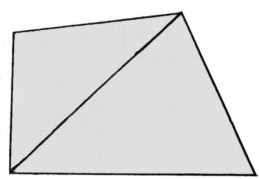

沿着对角线把矩形剪开以后，你会得到两个直角三角形。如果沿着对角线剪开菱形、正方形的话，你会得到什么样的三角形呢？

（答案：等腰三角形和等腰直角三角形）

3. 沿着对角线剪开矩形或菱形，你总是会得到两个全等三角形。只要把得到的两个三角形相叠，那就很容易检验出结果了。

4. 用纸剪出两个全等直角三角形。把它们对到一起，可以得到一个矩形。

5. 用纸剪出两个全等等腰三角形。把它们对到一起，可以得到一个菱形。为了得到一个正方形，需要剪出哪两个三角形呢？

6. 任何一个正方形都可以说是矩形。反过来，任何一个矩形都是正方形吗？

7. 任何一个正方形都可以说是菱形。反过来，任何一个菱形都是正方形吗？

8. 画一个不是正方形的矩形。画一个不是正方形的菱形。

9. 这里有几个四边形。其中有几个矩形？矩形中有几个
正方形？

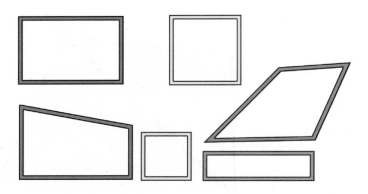

10. 这里有几个菱形。数一数，一共有几个。其中有几个
正方形？

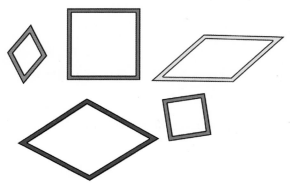

11. 在格纸上点一个点。

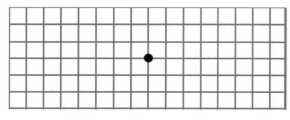

从这个点开始往左边和右边数出同样的格，点上点。

比如，像这样：

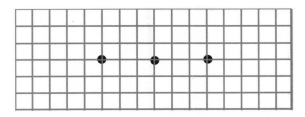

现在从第一个点开始往上、往下数出同样的格，点上点。

比如，像这样：

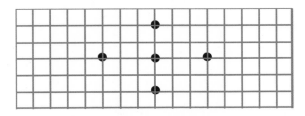

然后把四个点这样连上：

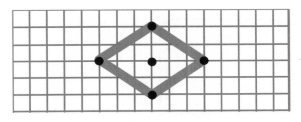

检验一下，画出的四边形是菱形。

因此，在格纸上画菱形很容易。你来画几个菱形。

12. 在格纸上点一个点，然后按照上一个练习的方法画一个菱形。连上菱形的两条对角线。注意了，两条对角线交叉于一点，就是你开始画图时的第一个点。说说看，菱形对角线交叉时形成的是什么角呢？

13. 用小棒儿拼一个四边形。想一想，任何四条小棒儿都可以拼出四边形吗？

14. 找到四根不能拼出四边形的小棒儿。

15. 这张图中有三个矩形。请你把它们指出来。

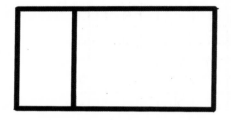

16. 这张图中有几个矩形呢？（答案：7个）

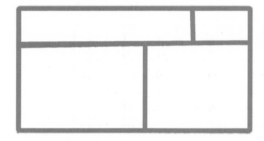

17. 用火柴棒拼出这样的形状。

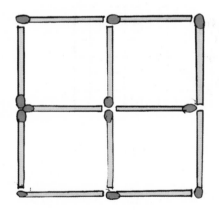

这里有五个正方形。把它们指出来。拿掉哪两根火柴棒能剩下三个正方形？要是剩下两个正方形，应该拿掉哪两根火柴棒呢？

快乐的小人儿们画圆(圆心和圆的半径)。

学校的经历让快乐的小人儿们回味了很久。现在，学习几何的时候，他们的表现经常像上课的时候一样。比如说，如果他们中有谁想问问题或是有话想说，那他就会举手，等着铅笔头问他。

有一次小博学举起了手，问道：

"铅笔头，你会给我们讲**圆**吗？"

"今天我恰好打算说说圆。"铅笔头说，"圆是几何中很重要的图形。许多东西都是圆形的。你们说说，都有什么东西是这样的。"

百事问说出了茶杯碟。

小聪明说出了硬币。

小博学说出了铁环。

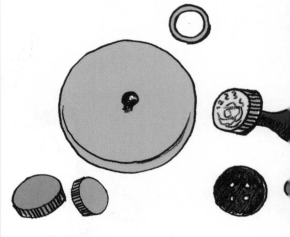

铅笔头很满意：

"对，这些都是圆。还可以举出很多例子：锅盖，盖邮戳的章，纽扣……尤其在工程技术中会特别频繁地使用圆。我特意邀请了设计师到我们这儿来，请他详细地讲讲这个问题。"

铅笔头话还没说完门就开了，大家看到了一个高高个子、面带微笑的人。他手里拿着一个大皮包。

"你们好啊，小家伙们！"他向小人儿们问好，"我就是设计师。"

"您好！"快乐的小人儿们齐声回答。小聪明问：

"您叫什么名字？"

"你们可以叫我科斯佳叔叔。"

"您要给我们讲圆吗，科斯佳叔叔？"小聪明接着问。

"不但要讲圆，还要展示。"设计师回答，"好了，你们有谁可以在纸上画一个圆？"

"我可以！"百事问吹牛说。

于是他"画"了一个圆。

科斯佳叔叔笑了笑：

"你这个不是圆，倒像是个土豆。不合适！那么，还有谁也想画一个？"他扫视了一眼其他的小人儿。

你是不是也想画一个？

小博学说：

"圆可以这样画。把一个茶杯碟或是盘子放到纸上，用笔沿着边缘画一圈。"

"这是个不错的方法，尽管不是很方便。你想象一下，小博学，需要画很多各种各样的圆，有大的，有小的。你不能随身带着山一样高的餐具吧！"

"为了画圆，最方便的办法……"科斯佳叔叔慢条斯理地开始讲，他看

95

了一眼铅笔头，似乎是在提议他把话接下去。

"……最方便的办法是使用圆规。"铅笔头把话说完。

科斯佳叔叔点了点头表示认可，他打开他的大皮包，从里面拿出圆规，让快乐的小人儿们看。

"这是要测量吗？"小聪明问。

"不是这样。"设计师说，"这个圆规只有一条腿儿上有针，另一条腿儿上是笔尖。你们看：我把带有针的这条腿儿固定到纸上，让有笔尖的这条腿儿旋转一圈，就成一个圆。

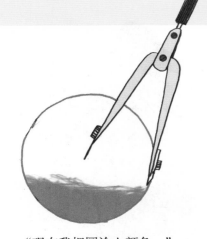

"现在我把圆涂上颜色。"

"可以把圆规的两条腿儿分得更开一些，那样得到的圆就会更大。"

"如果把圆规的两条腿儿往一块儿并，那样得到的圆就会更小。"

你也拿出一个有笔尖的圆规，用它画几个圆。把每个圆涂上不同的颜色。

96

突然，小博学举起了手。

"喔！看来你还挺懂规矩！"科斯佳叔叔说，他微笑了一下，"你想说什么，小博学？"

"圆规画的线叫什么？"

百事问惊讶得嘴都张大了：这样的问题竟是聪明的小博学提出来的！

"圆哪！它叫圆！"他开始对小博学解释，"没什么好问的！简单得很！"

"打住，百事问！"设计师打断了他的话，"你错了。小博学提出的恰恰是一个有见识的问题，可不像你想的那么简单，你看。"

"圆是这里涂了颜色的地方。而圆规画出的线有另一个名称，它叫**圆周**。怎么样，百事问，明白了？现在你不会把圆和圆周混为一谈了吧？"

"不会了。"百事问羞愧地低下头。

"你明白了吧，百事问，"铅笔头说，"圆周绕在圆的边缘。对吗，科斯佳叔叔？"

"对。就像几何书里写的，圆周是圈定圆的线。来，朋友们，把我的圆规拿去，画出圆周。"

你也用圆规画出几个圆周。

小博学又举起了手。科斯佳叔叔赞许地看了他一眼。

"你还想问什么，小博学？"

"科斯佳叔叔，我们用圆规画圆周的时候，圆规的针尖每次都会在纸上留下一个点。这个点叫什么？"

"**圆周的中心**，或者圆心。你来，小聪明，你把我们画的所有圆和圆周的圆心指给我们看。我可发现了，你一直不说话，而且还东张西望的。"

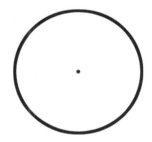

"他呀，大概在写圆周歌呢。"铅笔头说，"对于新鲜事他总能想出新歌儿来。"

"有这样的事儿！"科斯佳叔叔很惊讶，"嗨，这次你想出什么来了？"

小聪明惊慌失措，因为他想的完全是别的事儿，不知道该如何回答科斯佳叔叔的问题。

"我……我还什么都没想出来呢。"小聪明嘟囔着，"可是我能……稍等！"他鼓起勇气接着说道。

"你最好别写歌儿，猜个谜语吧。"

百事问恳求道，"圆周谜语。"

"干嘛猜圆周谜语啊？现在我们已经知道它是怎么回事了。我还是写首圆周诗吧。"

小聪明站起来，来来回回走着。他不时闭上眼睛，把鼻子翘向天花板，嘴里念念有词，与此同时还挥舞着两手，从一边摇晃到另一边。

"妥了！"终于，他高喊了一声。

圆有一个好朋友，

人人熟悉她长相！

围着圆圆绕一圈，

她的名字叫圆周。

"真有你的，你可真机灵啊！"科斯佳叔叔惊叹，"真是巧嘴儿！你怎么说的？'人人熟悉她长相……她的名字叫圆周'？嗯！巧嘴儿！关于圆周你们还知道什么？"

小聪明、小博学和百事问沉默不语。

"怎么着，"科斯佳叔叔说，"铅笔头，得你出山了。你来解释一下，什么是**半径**。"

铅笔头画了一个圆周，标出圆心，然后在圆周上点一个点，把这个点跟圆心连上。就像这样：

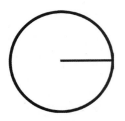

"我画的线段就是圆周半径。"铅笔头指点着。

你也画一张这样的图，指出上面的圆周半径。

"好，"科斯佳叔叔满意地开腔了，"明白了，小朋友们？半径就是把圆周上任何一点与圆心连接起来的线段。"

"那就是说，可以有很多很多的半径？"小博学问。

"当然了。在圆周上取任意一点，把它与圆心连接起来，那就是半径了。来吧，朋友们，操练操练：你们来画圆周，连出半径。注意，同一个圆周的所有半径都是相等的。"

你也画一个圆周，

连出这个圆周的几条半径。

检验一下，它们全都相等。

"那圆有半径吗？"百事问怯生生地问。

"毋庸置疑！因为每个圆周圈定的都是一个圆。所以啊，圆的半径就是圆周的半径。"

这时小聪明举起一张纸，他在纸上画了一些半径。

"你们看，我画得多有意思！"他嚷嚷起来，"就好像是有辐条的轮子。"

科斯佳叔叔表情严肃地瞥了一眼小聪明，说道：

"轮子，你这个想法好。轮子是圆形。工程技术中要是没有轮子，那可不行！所以说嘛，在工程技术中圆可是个重要的东西。只要有什么地方需要转动或是滚动，那里就一定有圆。"

"汽车有轮子。"

"有轨电车和无轨电车有轮子。"

"摩托车和自行车也有轮子。"

"你们再去工厂或电站……看看

99

车床、涡轮机……那里有多少的轮子
在转啊！"

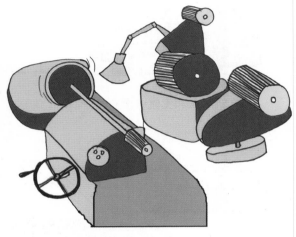

"甚至普通的钟表，里面也有各种
各样大大小小的轮子。"

你说说看，你还在哪里
见过滚动或转动的轮子？

"你们看，工程技术中经常碰到圆
吧？"科斯佳叔叔接着说，"所以呢，
与工程技术打交道的人，工人啊，工
程师啊，设计师啊，都该很好地掌握
几何。比如说吧，每个设计师都应该
清楚，轮子中的轴必须穿过圆心。如
果设计师没考虑到这一点，那他设计
出来的汽车都没人愿意坐！"

快乐的小人儿们认真听着设计
师的话。最满意的是小博学，因为
他一直都喜欢工程技术。如今，听
着设计师的话，小博学更加坚定了
学习几何的信心。

1. 这是两个圆。

说说看，它们当中哪个大，红色的大还是蓝色的大？哪个圆的半径大？

2. 两个圆周，同一个圆心，叫同心圆。

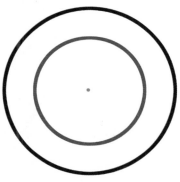

这是三个同心圆。

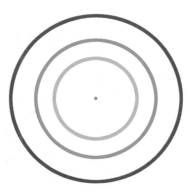

你也画几个同心圆。你是否注意过，如果往水面上（比如

湖上）扔一块石头，波纹往外扩的时候一圈套一圈，就像一个个同心圆。

3. 这两个圆周是交叉的。

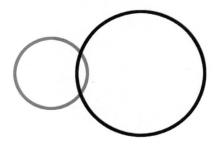

指出交叉的点，有几个？你自己画两个交叉的圆周。

4. 这张图上的三角形在圆内，而矩形整个都在圆外。

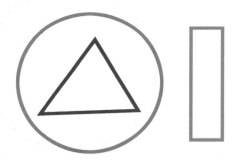

而这里呢，三角形和矩形都在圆外，而矩形与三角形交叉。

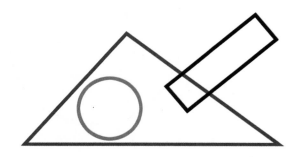

请你数一数，下面这张图中有多少三角形在圆里，多少与圆交叉，多少在圆外面。

5. 这张图中三角形的顶点在圆上。

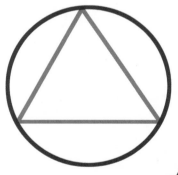

这样的三角形叫**内接三角形**。画几个圆周，在每一个里面都画出一个内接三角形。

这个呢，是内接在圆周里的矩形。你也努力画一个内接在圆周里的矩形。

6. 在这张图上，

一条直线交叉穿过圆周。

而这张图上，
直线 与 圆 周
相切。

你来数一数，下面这张图上有多少条直线与圆周交叉，有
多少条直线与它相切。

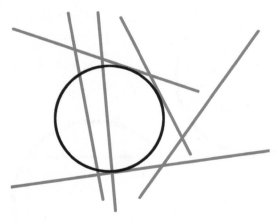

你来画一个圆周，然后画一些直线，其中有几条与圆周交
叉，有几条与圆周相切。

快乐的小人儿们学习测量长度（厘米 / 米 / 千米）；
点点历险记（谁损坏了铁路 / 线段们来帮忙）。

小聪明和百事问玩捉迷藏游戏。他们轮流藏起来，每个人都尽量在屋子里选那种不容易被找到的地方。百事问钻进柜子把柜门紧紧关上以后，小聪明好长时间都找不到他，尽管他就在柜子旁边走过去了好几次。轮到小聪明藏的时候，你瞧瞧他想的好主意。他爬上窗台，紧贴到窗户上，把窗帘拉上。小聪明屏住呼吸，竭尽全力一动不动。百事问翻遍了各个角落，往柜子里望了一眼，甚至冰箱里面都看了，可哪儿都没有小聪明，就好像他从人间蒸发了。百事问不知所措，在屋子中央站住，无助地东张西望，哀求地说着：

"小聪明，你究竟在哪儿？你藏哪儿去了？"

百事问的样子那么滑稽，透过窗帘的小缝看到他的小聪明忍不住笑了起来。百事问一下子蹿到窗前，一把拉开窗帘。

"你在这儿呢！"他兴奋地喊道。

小聪明尖叫了一声，高高地往上一蹦：为了超过百事问，他决定从他头顶

跳过去。可是他没算准，砰的一声直接落到附近的一张小桌子上了。

小桌子的一条腿儿发出噼啪的响声，断了。小聪明掉到了地板上。这一切发生得那么快，他甚至都没来得及害怕。

这时铅笔头和小博学走进了房间。

"你们这儿发生什么事了？"他们吃惊地问。

小聪明与往常一样，没有惊慌。

"没事儿，"他回答，"桌腿儿不知怎么突然断了。我和百事问正在琢

106

磨怎么把它修好呢。"

说完，他对百事问眨了眨眼睛。

"是有原因的吧？"小博学讥讽地盘问道，"我还没听说过桌腿儿自己会断的。看得出来，有人在这儿'做了努力'。"

百事问捡起断下来的桌腿儿，问道："那可以把它修好吗？"

小博学把剩余的桌腿儿从小桌子上拧下来，把它与断的部分拼在一起。

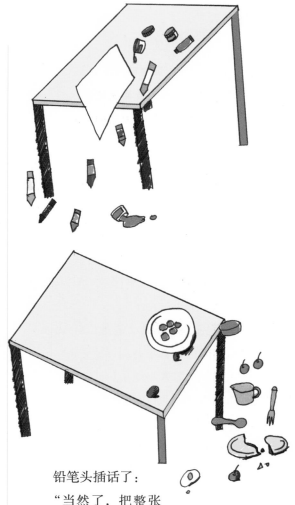

"这条腿儿恐怕已经修不好了。"他说，"不管是用钉子固定，还是用胶粘上，都不会牢固，有一条这样的腿儿，桌子是立不住的。"

"那该怎么办呢？"百事问伤心了。

"那就需要一条新的桌腿儿。我们去找木匠，请他做一条跟原来一样的。"

"那我们就快点去吧。"百事问一下有了精神，往门口走去。

"你去哪儿？！"小聪明嚷嚷起来，"谁把桌子搬到木匠那儿呀？得让他看看桌腿儿应该多长才是！你想象一下，他做了一条太长或太短的桌腿儿，用这样的桌子你画不了画儿，也吃不成饭！"

"干嘛把整张桌子都搬到木匠那儿？"小博学问，"拧下一条腿儿，把它拿过去更简单。"

铅笔头插话了：

"当然了，把整张桌子搬到木匠那儿去不合理。不过，顺便说一句，把一条腿儿拿给他也完全没必要。可以用其它办法让木匠知道它有多长。你们动动脑子，应该怎么做呢？"

107

你也动动脑，
如何不让木匠看桌腿儿，
但却可以让他知道它的长度。

小聪明想起来了，有一次他和小博学借助绳子比较了沙发和床的长度。

"我猜到了！"他高喊，"需要拿一根与桌腿儿长度一样的小绳子。那样的话就可以不用桌腿儿，让木匠看看这条小绳子就行了。"

说完，兴奋不已的他开始朗诵突然冒出来的一首小诗：

又一次需要小绳子！

贴着桌腿儿拉直它，

然后它就能展示，

腿儿的长度是多少。

"好样的！"铅笔头夸奖了他，"你猜对了，借助小绳子可以展示'腿儿的长度'。"

这时小博学已经拿来了一根小绳子，把一端并到桌腿儿的一头，把小绳子贴着桌腿儿拉直，然后招呼小聪明过去，让他把小绳子在贴着桌腿另一头的地方剪断。

"妥了！"他们高呼，"现在可以去作坊找木匠师傅了。"

你也努力剪断一根小绳子，
让它的长度与你家里的桌腿儿
或椅子腿儿的长度一样。

到了作坊，快乐的小人儿们让木匠托利亚大叔看小绳子，请他给小桌子做一条一样长度的桌腿儿。这时小聪明忍不住自夸起来：

"一开始我们想把桌腿儿拿来当样品，可后来想想，用小绳子就可以办成。"

托利亚大叔微笑了一下。

"这当然是个不错的办法。虽说不是最方便的。你们想象一下，我们有许多各种各样的物品，需要展示它

们当中每一个的长度。展示一个用一根小绳子，展示另一个又用一根小绳子！……那就得随身带着一大团小绳子了。到时候你可就乱套了！"

"那究竟该怎么办呢？"百事问问。

"长度是可以测量的。"

"测量，这是什么意思？"

"我这就解释。你们看，我手里有一把尺子。

"你们注意：上面做了划分，是一根根小线条，短的和长的。相邻的两根长线条之间的距离可以用这样的线段来表示。"

"它叫一个**厘米**。为了测量一个物品的长度，需要把尺子贴向它，数数从一端到另一端有多少厘米。来，比如说，我们测量一根火柴的长度。就这样，你们看。"

"火柴的长度是 4 厘米。"

"我们可以亲自测量点儿什么吗？"百事问问。

"当然可以。"托利亚大叔回答，"每个人都应该会测量长度。首先用线段练习一下吧，因为线段容易测量。我画一条线段。"

"谁第一个来测量它的长度？"

"我，我！"快乐的小人儿们争先恐后地喊着。

托利亚大叔把尺子给了小博学，于是他开始测量了。他一丝不苟地把尺子的一端贴向线段的一端，数了数，到线段另一端正好是 3 厘米。

"这条线段的长度整整 3 厘米！"

109

他大声宣布。

请你来检验一下，
小博学测量出的线段长度是否正确。

"正确。"托利亚大叔说，"现在你把线段的每一厘米都标出来。"

"标好了。"小博学说。

"现在呢，我来画一条更长的线段。"

"你们测量出它的长度。"

你也测量一下这条线段的长度。
你来画出同样长度的线段，
然后用小线条把每一个厘米都标出来。

当铅笔头、百事问和小博学完成托利亚大叔的作业时，小聪明发现在他工作的地方，桌子旁边，有一个装着各种钉子的箱子。小聪明从里面掏出几根钉子，嚷了起来：

"我要测量钉子的长度！"

托利亚大叔摇了摇头：

"没得到准许！已经抓到手了？嗯，既然钉子已经在你手里了，那就测量吧。"

"我也想测量小钉子的长度。"百事问恳求。

小聪明把钉子攥在拳头里。

"这是我找到的，不是你！"他嘟囔着，"你自己去找出东西来，到那时候你再测量。"

百事问本来都要生气了，可托利亚大叔及时干预了：

"小聪明是在开玩笑。他当然会跟伙伴分享！这根小钉子的长度小聪明来测量。"

"而这根钉子的长度呢，百事问来测量。"

请你也来测量一下
这两根钉子的长度。你测量出的
每根钉子的长度是多少？

110

"我的结果是 2 厘米。"小聪明宣布。

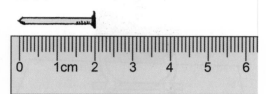

"我的是 9 厘米。"百事问说。

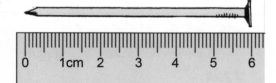

你说说看，
小聪明和百事问测量得对不对。

托利亚大叔说：

"你，百事问，数错了。"

"可我没数啊，我看了数字。"百事问回答。

"难道这是数字 9 吗？"托利亚大叔惊呆了，"这个是 6。怎么，朋友们，你们不认识数字？"

"我们认识。"铅笔头代表大家回答，"我们甚至会根据钟表确定时间。只有百事问有时把 6 和 9 弄混。"

"他还把 3 写错。"小聪明一边大笑，一边补充道，"写成这样。"

"嗯，没什么大不了的。"托利亚大叔说，他对百事问鼓励地微微一笑，"我们会练习，会学会正确书写数字。是吧，百事问？"

"我会学会。"百事问肯定地说，然后他突然问道："为什么要书写数字呢？"

"因为任何一个数都可以用数字记

111

录下来。测量出一个长度，记录下来。测量出另一个长度，再次记录下来。因此在一张纸上可以记录下许多物品的长度。"

"懂了！"小聪明兴奋地大叫，"在一张纸上把长度记录下来，那就用不着随身带着各种各样的小绳子了！"

"那我们就来测量和记录吧。"小博学提议，"比如，我们来测量我们的桌腿儿长度吧。"

百事问哈哈大笑起来：

"你怎么了，小博学！要知道，我们没随身把桌腿儿带来啊！怎么测量它的长度呀？"

请你想一想，说说看，
快乐的小人儿们现在真的不能
测量自己桌腿儿的长度吗？

"我们很容易就可以测量桌腿儿的长度。"铅笔头说，"百事问，你忘了，我们没带来桌腿儿，但带来了同样长度的小绳子。只需要测量一下这根小绳子的长度。"

铅笔头把小绳子递给百事问。百事问一丝不苟地在托利亚大叔的工作台上把小绳子拉直。然后他拿来尺子，把尺子的一端贴到小绳子的一端……

突然，他发现，尺子比小绳子短。

百事问不知所措地看了一眼托利亚大叔。

"尺子的长度不够。怎么办呀？"

托利亚大叔说：

"这种情况，我这里找得到更长的尺子。那不是嘛！"

他指了指一根长长的木尺：

"这是米尺。我们木匠干活儿的时候常常需要它。借助它我们很容易就可以把小绳子测量好。许多人使用这样的米尺进行测量。"

你见过使用米尺测量吗？
比如，在卖布或卖绳子的商店里。

托利亚大叔和百事问一起测量了小绳子的长度，把测量出的数值记录到本子里。然后他对快乐的小人儿们说，测量长度还可以使用折尺、卷尺，还有标出厘米的专用皮尺，裁缝经常使用它。

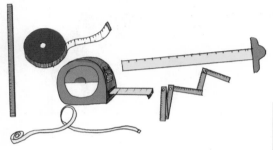

你家里有标出厘米的这种皮尺吗？
跟大人要一个，仔细观察观察。
用它测量一下，
能测量什么就测量什么。
请大人给你剪一条一米长的小绳子。

小聪明恳求：

"请您给我们剪一条一米长的小绳子吧。我们可以测量东西。"

"这是个好主意！"托利亚大叔称赞道，"给你们，这就是一米长的小绳子。用它测量一下，比如说，这间作坊的长度。然后测量宽度。"

"难道我们用一根一米长的小绳子就能做到吗？"百事问问，"要知道，作坊多长啊！我们需要许多这样的小绳子。"

"这完全没必要，"铅笔头说，"可以贴着墙壁把一米的小绳子一次一次量过去，数数量了多少次。让小聪明和小博学移动小绳子，而你，百事问，帮着他们数。"

小聪明把小绳子的一端贴到作坊屋角的墙壁上，小博学把它拉直，招呼百事问过去，让他把一根手指放到小绳子另一端所在的地方。

"一米。"百事问说。

小聪明和小博学把小绳子移过去，然后小聪明把它的前端贴到百事问手指指着的地方。小博学再次拉直小绳子，百事问也又一次用手指标出它的另一端。

"两米。"他说。

小人儿们就这样贴着墙壁继续移动，直到到达作坊的另一个墙角。

百事问继续数着：

"三米，四米，五米，六米，七米，八米，九米。作坊的长度是九米！"

然后快乐的小人儿们开始贴着另一面墙壁移动小绳子，正好移动了七次。因此小家伙们了解到了，作坊的宽度是七米。

你也拿一根长度一米的小绳子，尽量测量出你家房间的长度和宽度。紧贴墙壁移动小绳子，就像小聪明和小博学那样。或者贴着墙壁测量没摆家具的空地方。

小博学说：

"要是我们突然得出这样的结果：移动一米长的小绳子多少多少次以后，还剩下一段没测量的比一米小。那该怎么办？"

"很简单。"托利亚大叔回答，"剩下一段的长度需要用厘米测量出来。比如，你们看，我的工作台的长度是两米十一厘米。"

请你说说，当你测量房间长度和宽度的时候，是否剩下了没测量出的、比一米小的地方？

铅笔头、小博学和百事问想用木头米尺测量托利亚大叔工作台的长度和宽度，不过小聪明比他们早了一步。

他抓起木头米尺，把它高高地举过头顶，语气激昂地朗诵起来：

"这个鼻子多长，

问题谁来回答？"

他一边说一边把米尺贴到自己的鼻子上。即使不这样比，小聪明的长鼻子就已经够长了，长得让大家都忍不住大笑起来。

"瞧这滑稽画面！

小聪明鼻子少见！"

铅笔头一边大笑一边说。百事问把诗接了下去：

"问题我来回答：

正好米鼻一个。"

这个可笑的词儿让小人儿们更快活了。他们争先恐后地重复着："米鼻，米鼻！"小博学想出一个类似的可笑词儿："鼻米。"托利亚大叔跟着他们一起大笑。然后他说：

"'米鼻'和'鼻米'，你们想出的词儿真棒。不过如果说正经的，就连小聪明这么长的鼻子都用不着米尺来测量，用厘米就完全可以应付。而且啊，我的朋友们，鼻子恐怕压根儿就没什么好量的。至于手臂或者腿，那就是另外一回事了。"

"为什么要测量手臂和腿啊？"小聪明问。

"因为，比如说吧，缝制大小合适的衣裳。裁缝需要知道裤子或者上衣的袖子应该多长。否则的话，做出的衣服谁都穿不了！"

你见过裁缝做衣服前

是怎么量尺寸的吗？

你也尽量给布娃娃量量尺寸。

试着给布娃娃缝制点什么：

小上衣、小裙子或是小裤子。

对了，你是否会把纽扣缝上去呢？

"还有什么可以测量？"百事问问。

小博学语气果断地说：

"什么都可以测量。房子的高度，大海的深度，一个城市到另一个城市的距离……"

"地球到月球或是到太阳的距离。"铅笔头接过话头。

"这些都用米测量吗？"百事问惊讶地问。

"不总是这样，"托利亚大叔说，"房

子的高度方便用米测量。而城市之间的距离用米测量不行，这个用的是另外一种'尺度'，比米长好多倍。"

"那这个'尺度'叫什么？"百事问问，他斜眼往小聪明的方向瞥了一下，因为他想起小聪明曾经把他比作童话里的小点点。

托利亚大叔解释说：

"它叫**公里**，也叫千米。一千米中有一千个米。"

"哇——呜！"百事问和小聪明瞪大眼睛，同时拖长了声音。然后他们异口同声地问：

"千，那这是多少啊？"

托利亚大叔陷入沉思。

"千，这是个大数！怎么能跟你们解释得更明白呢？……如果把十取十次的话，那就是一百。"

10	10	10	10	10	10	10	10	10	10

100

"而如果把一百取十次的话，那就

正好是一千了。"

| 100 | 100 | 100 | 100 | 100 | 100 | 100 | 100 | 100 | 100 |

1000

"啊——啊——啊。"百事问和小聪明拖长声音，表示明白了，"一千有这么多啊！就是说，一千米，那可正儿八经地是个长长的距离啊。"

你能想象出一千米的距离吗？
请大人在街上、
公园里或是森林里
给你指指这样的距离。
你试着快走，
甚至跑过一千米的距离吗？
你能否不用休息、一口气走完两千米？
那三公里呢？

小博学问：

"从地球到月球有多少千米啊？"

"好多好多千的千米。"托利亚大叔说。

"那从地球到太阳的距离呢？"百事问问。

托利亚大叔微微一笑：

"还要多。关于这一点，等你们上学了，老师会详细讲给你们听的。"

这时小聪明狡黠地看了一眼托利亚大叔，问道：

"那从三角形之城到四边形之城多少千米，也会讲给我们听吗？"

托利亚大叔吃惊地问：

"这是些什么城市？我从来没听说过它们！它们在哪个国家？"

小聪明、百事问和小博学争先恐后地说了起来：

"在几何国！是个童话，讲述点点的历险记。是铅笔头给我们讲的。铅笔头，继续讲童话吧！我们很久没听了。托利亚大叔，他可以讲吗？"

"我很愿意跟你们一起听这个童话。不过我觉得，你们完全忘了为什么到我这儿来了。我们要给你们的桌子做腿儿吗？"

"要！"小人儿们齐声回答。

托利亚大叔展示给朋友们看，应

该如何使用木工工具。快乐的小人儿们很喜欢这件事,他们想亲自做桌腿儿。在托利亚大叔的指导下他们协同一致干起活儿来,很快一条像模像样的新桌腿儿就做好了。

> 你们家有什么工具?
>
> 你用过其中的哪些工具?
>
> 你可以用小锤子钉钉子吗?

"现在可以听你们的童话了。"托利亚大叔说。

大家都围着工作台坐好,小聪明干脆上了台子。铅笔头开口了:

"你们接着来听童话。"

你们记得,点点和圆规,然后是三角形建筑工人跟他们一起离开三角形之城,坐飞机去追捕橡皮强盗。追捕的时候飞机断了一个机翼。四边形之城工人们用新机翼换下了受损的机翼,然后飞机升空了,重新飞去搜寻橡皮强盗。点点又兴致盎然

地望着舷窗。她看见了铁路。铁轨的两条细线并排跑着，一列火车在上面飞快地行驶。从上面看下去，火车显得很小很小。

　　飞机飞得比火车快得多，很快火车就远远地落到后面了。飞机里的人全都仔细地望着下面，可哪儿都看不到橡皮强盗。飞机继续在铁路上空飞行。

　　　　圆规瞥了一眼铁路线，突然他发现，一根铁轨少了一大块。仿佛有人把它拽掉了，或是擦掉了。

　　　　　　"你们看哪！"圆规大喊，"又是橡皮在胡作非为！"

　　　　剪刀惊呼：

"就是说，她在附近的什么地方。快去追啊！"

"追上她，快，快啊！"三角形接过话头，"说到底，该逮住强盗才是。"

　　　　"不行，"圆规反对，"我们现在不能飞离这个地方。需要立刻拦住火车！要不然会出事故。"

　　　　　　飞行员在铁轨断了的那个地方附近迅速把飞机降落下来。圆规和点点急急忙忙迎着火车跑去，要及时地拦住它。三角形工人们和剪刀开始动脑子，想着怎样能更好更快地把铁路修好。

"应该去制造铁轨的工厂，"剪刀说，"在那儿拿一段所需长度的铁轨。我们把它安到受损的地方。"

"那怎么能知道需要的长度是多少呢？"点点问。

三角形工人们回答：

"测量啊。要测量出完好无损的铁轨两端之间的距离。"

"怎么测量呢？"点点接着问。

剪刀说：

"我们的线段朋友可以帮这个忙。"

"啊！"点点兴奋了，"那我们就再把他们叫来帮忙吧。"

话音刚落，团结一致的线段们当时就冒出来了，全都像精选出来的，长度都一样。他们立刻就明白出了什么事，开始麻利地一个紧跟一个、头接头地铺到被损坏的地方。

点点数起了线段：

"一个，两个，三个，四个，五个，六个！就是说，需要六根线段这样长度的铁轨。"

"现在可以去工厂了。"圆规说,"等我们把路恢复了,就重新去追捕橡皮强盗。"

"我们快出发吧!"点点催促线段们。

"我已经准备好了!"一条线段回答。

"还有我,还有我,还有我呢……"其他线段接过话头。

圆规说:

"嗯,没必要让六条线段都去工厂。一条就够了。"

"这是怎么回事?"点点本来很惊讶,可她马上就猜到了,同一条线段可以倒过去六次,得到的就是需要的长度。

没用多长时间,一段新铁轨就出厂了。三角形工人们迅速修好铁路,火车可以接着走了。火车上的旅客们提议点点和她的朋友们跟自己一起走。

"谢谢,"剪刀回答,"不过我们必须继续追捕坏橡皮。飞机等着我们呢。"

"可飞机装不下这么多人,"旅客们接着说道,"我们也想跟你们一起去找强盗。让飞机回去吧。火车里的位子足够大家坐的了。"

"乌拉!"点点兴奋地高喊,"我还没坐过火车呢,这肯定很有意思!"

飞机飞走了。大家在各个车厢安顿好,火车风驰电掣向前飞奔,去迎接新的历险……

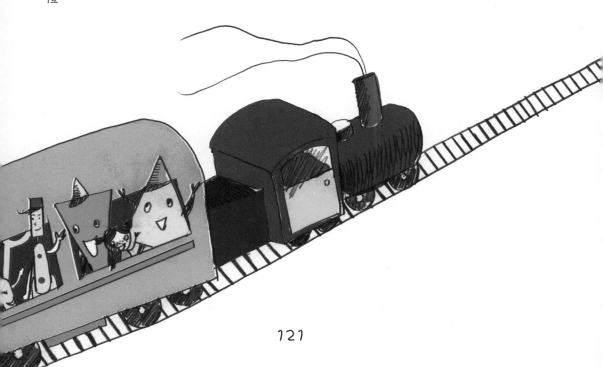

托利亚大叔饶有趣味地跟快乐的小人儿们听着童话。

"引人入胜的故事。"他说，"几何国里趣事多啊！点点他们都是好样的：没慌张，迅速把铁路修好了。"

"对，"小博学接过话头，"用长度同样的线段测量出了缺的一段铁轨。"

"你们瞧，"托利亚大叔补充道，"测量对他们也有用。"

"可他们还是没逮住橡皮。"百事问难过地说，"她的胡作非为什么时候是个头啊？"

托利亚大叔说：

"我相信她逃不了的，作恶总是会受到惩罚。"

1. 用尺子测量一下这条线段的长度。

你测量出的是多少厘米？

现在测量一下这条线段的长度。

再测量这一条。

2. 拿一把尺子，画一条一厘米长的线段。

现在画一条三厘米长的线段，把上面的每一厘米都标出来。

现在画一条六厘米长的线段，把上面的每一厘米都标出来。

3. 仔细观察标有刻度的尺子。最长的那些小线条（下面写着数字）标出的是厘米，这你知道。它们之间有一根短一些的小线条，这些小线条把每一厘米一分为二。因此从标有数字的任何一根长线条到相邻的短一些的小线条之间是半个厘米。

检验一下这根线段的长度，它是两个半厘米。

而这条线段的长度是五个半厘米。

现在，请你亲自画一条长度为三个半厘米的线段。

4. 这条线段的长度是一个半厘米。

拿一根长度为一米的小绳子。把它对半折起来，从中间剪开。这样你就有了两段，每一段长度都是半米。想一想，如何借助一根长度半米的小绳子在长绳子上测量出一米半的一段。拿一根长度一米半的小绳子（或是标着厘米的皮尺：它的长度正好是一米半），用它测量一下，你家里的人谁高于一米半，谁比一米半矮。

5. 再次观察尺子。你看到上面最短的小线条了吗？它们数量最多。努力数一数，这些短线条把每半个厘米划分为五个部分。（如果用细细的东西，比如削尖的铅笔，把它们标出来，你就会更容易完成这个任务。）这些部分叫**毫米**。一厘米里有多少毫米呢？你数过了吗？

现在我们知道了，1厘米里有10个毫米。

6. 你记得吧：木匠托利亚大叔跟快乐的小人儿们讲过，一千米中有一千个米。有趣的是，一米中的毫米也是一千个！我们画一张图纸，如果事先确定好用一毫米代替一米的话，那结果就是：长长的一千米只需画一米就可以了。

1米＝1000毫米

1千米＝1000米

在任何图纸或地图上人们往往用小尺度表示大尺度。比如说吧，如果我们的一厘米代表的是一百千米，那么在这张纸上就可以容易地算出从莫斯科到圣彼得堡的距离！你看：这是俄国地图的一部分，上面描绘出了这两个城市。

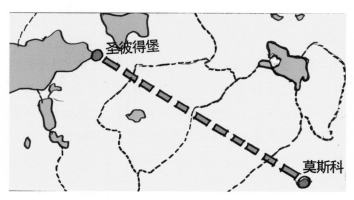

现在仔细看这张图纸。这是一个房间的平面图。

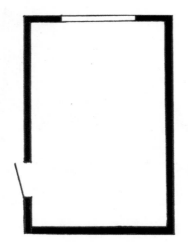

平面图上一厘米代表一米。你来测量一下房间的长度。
尺子表明是 6 厘米（请你检验一下）。就是说，房间的
实际长度是 6 米。请你亲自测量一下，然后说说看：

房间的宽度是多少米呢？

窗户的宽度是多少米？

门有多宽？

请你想象一下，这个房间里需要摆家具。房间的平面图
这时候就会派上用场了，无需把家具从一面墙拖向另一
面墙，无需白白浪费力气。可以测量一下家具的长度，
然后在平面图上检测一下哪种家具往哪儿摆放。你来检
测一下，比如：

有门的那面墙边能否一个挨一个放下两米长的沙发和一米
半长的儿童床？有窗户的那面墙边能不能放下宽度一米半
的书柜？那宽度一米的能放下吗？

7. 这张图中表现的是一辆卡车。

这里的一厘米代表半米。
我们来测量一下驾驶室顶部的长度。尺子显示是2厘米。
我们记得，一厘米代表半米。就是说，驾驶室的实际

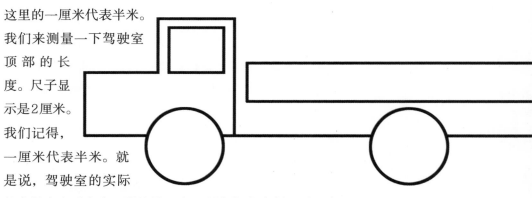

长度是半米再半米，那就是一米。现在你来确定一下，车轮的半径是多少米，车厢的长度是多少米。

8. 画一张矩形的游戏场地平面图。长12米，宽6米。用一厘米代表一米。你画的矩形每条边长度是多少呢？
现在画出同一场地的另一张平面图，不过使用另一种方法：一厘米代表两米。现在会出现什么样的矩形呢？它的各条边有多长？

9. 这是一个直角三角形。

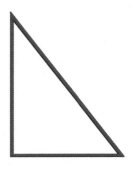

用尺子测量一下每条边的长度。你测出的每条边的长度是多少厘米？正确的答案是：3、4、5厘米。

现在准备画出另一个直角三角形。它会与我们刚刚测量出边长的直角三角形相像。

首先画出直角（比如，在有格子的纸上）。然后从角的顶点开始，一条边画成6厘米长的线段，另一条边画成8厘米长的线段。把两条线段的顶端连接起来（用尺子哦！）。这样你就有了一个直角三角形。把它剪下来，然后把它与书中的那个三角形并排放到一起，观察它们两个。它们长得像，是不是？我们来比一比它们各条边的长度。

小三角形那条3厘米的边在大三角形那里是6厘米，长一倍！小三角形4厘米的那条边在大三角形那里是8厘米，也是长一倍！小三角形的第三条边是5厘米。请你动动脑子，说说看，大三角形的第三条边长度是多少？现在测量一下，检验一下你的答案。你得出的结果应该是10厘米。还是长一倍！可以想象出来，书中小三角形的所有三条边都拉长一倍，那得到的就是你剪出的大三角形。把边拉长的时候各个角都保持不变：大三角形的三个角和小三角形的三个角一样大。

你来检验一下：把大三角形的三个角依次摞到小三角形

的三个角上。假如我们把小三角形的三条边拉长两倍的话，又会得到一个"长相"相似的三角形。你来试试把它画出来？

相似的四边形也可以学会画。比如，请你仔细看这个矩形。

测量一下它各条边的长度。现在把每条边"拉长"一倍。新得到的矩形边长是多少？把这个矩形画出来。

10. 请你想象一下，我们需要测量某个长度，可手边没有尺子。那样的话，可以尽量确定一个大致的长度，就像人们说的，"目测"。我们来练习练习吧。

这是一条 1 厘米的线段。

而这条线段的长度不清楚。

你认为它的长度大致是多少呢？

为了能知道这一点，我们可以想象一下：我们把 1 厘米挪过来，放到我们的线段上。看得出来，它能在那里放下来一次。两次也能放下来。甚至三次恐怕也行。可要是把 1 厘米排放四次，大概就不成了。结果就是呢，我们线段的长度大于三厘米，但小于四厘米。这就是说，我们确定了它的大致长度。

现在可以拿起尺子，检测一下我们错没错。

这还有一条线段。

━━━━━━━

目测一下它的长度。尺子又可以用来帮助你检验答案了。
"目测"的长度不仅可以是厘米，也可以是米或千米。
请你拿一根长度一米的小绳子，仔细地看看它，然后尽
量用米大致确定出房间里任何物品的长度。请大人帮你
检验你的答案。

人们说那些能很好地把长度目测出来的人有很好的目
测力。

11. 这是一个等腰直角三角形。

用尺子测出两条直角边。每条的长度是 2 厘米。请你目测
一下，第三条边的长度是多少。你的答案应该是这样的：
第三条边的长度大于____厘米，但小于____厘米。
请你说一说，这里的空格中需要填入什么数？把答案全都
说出来。用尺子检验一下答案。

12. 现在我们来跳远。画出来或标出来你将起跳的线。站
到这条线上，两脚分开，尽量往远处跳。

标出你落地的地方。试着目测一下你跳了多远。你跳得超
过 1 米还是不到 1 米？拿出 1 米长的小绳子，检测一下。
每天都要锻炼身体哦！

快乐的小人儿们将学习测量面积（平方厘米／平方米）。

小博学、小聪明和百事问来到商店：他们决定在铅笔头过生日的时候送他一盒糖果。橱窗里摆放着各种各样装着糖果的盒子。小博学最喜欢上面画着一架飞机的盒子，而百事问最喜欢的是上面有花的盒子。

他们都提议买自己喜欢的那盒。

"没什么好争的！"小聪明插言道，"画的什么图案还不是都一样嘛？！应该买更大的那一盒。里面的糖果更多！"

"那哪一盒更大呢？"百事问问，"该怎么测量呢？"

小博学说：

"我知道该怎么测量。这非常简单。得把每个盒子的长度和宽度测量出来。那个更长更宽的就是更大的，另一盒整个都可以放进去。"

"啊哈！"小聪明兴奋地高呼，"那连测量都不一定要了：拿起两个盒子检验一下，哪个可以放到哪个里面就行了。"

"如果里面有糖果的话，一个盒子怎么能放到另一个盒子里呢？"百事问惊讶地问，"怎么，得把糖果都倒出来不成？"

"当然！"小聪明快活地说，"得把所有糖果都倒到我口袋里。"说完他嘿嘿笑了一声，补充了一句："顺便也可以尝尝！"

"我们把糖果也倒进我的口袋。"百事问兴奋地接过话头。

小博学拦住了朋友们：

"别胡思乱想！干嘛把糖果倒进口袋？！为了比比盒子的长度和宽度，完全不必把一个放到另一个里面：可以简单地把一个放到另一个上面。比如，铅笔盒和火柴盒……大家都能看出来，铅笔盒更长，更宽。就是说，它比火柴盒更大。"

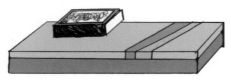

百事问说：

"那就来比比我们喜欢的两个糖果盒吧！我们请售货员把它们给我们，我们把它们摞起来。"

"哎呦……画着飞机的盒子更长，可有花的盒子更宽。究竟哪一个更大呢？小博学，怎么能了解这一点呢？"

小博学难住了，小聪明立刻嚷嚷起来：

"什么都了解不到！怎么测量都没有用。"

你同意小聪明的话吗？
随便找两个盒子，比一比。
你可以立刻说出哪个更大吗？
或者你的结果和快乐的小人儿们一样，
一个盒子更长、可另一个盒子更宽？
谁能帮小家伙们解决这个问题，
你是怎么想的？

"铅笔头会帮助我们的。"小博学说，"两盒我们都买下来，送给他，请他讲解一下，哪个盒子更大。"

铅笔头非常喜欢朋友们送的礼物。

他立刻把两个盒子都打开，快乐的小人儿们狼吞虎咽地吃起了美味的糖果。

这件愉快的事儿让小聪明和百事问那么投入，把他们想要问铅笔头的问题"两个盒子哪个更大"完全忘到脑后去了。可小博学没忘。他尝了尝每个盒子里的糖果，然后转向铅笔头：

"怎么能了解这两个盒子哪个更大呢？我们比不出来：一个更长，可另一个更宽。"

"你，小博学，提了一个非常有意思的问题。"铅笔头说，"需要比较大小的不仅有盒子，而且，比如说，还有纸张或硬纸板，胶合板或玻璃板，地砖……每一次，当不得不这样比较什么的时候，那就需要测量**面积**①。"

"哈——哈——哈！"小聪明放声大笑，"测量广场！那街道和街心花

---

① "面积"这个词在俄语中还有一个意思，就是"广场"，后面小家伙们笑话铅笔头跟这个有关系，他们还以为铅笔头说"测量广场"呢。——译注

园也得测量吗？怎么，街上都是胶合板和硬纸板吗？满城都是！"

铅笔头摇了摇头：

"你啊，小聪明，总是文不对题！我说的不是城市里的那个广场，而是几何中的面积。几何中的面积是个非常重要的东西！"

"面积是什么东西？"百事问问，"'测量面积'是什么意思啊？"

"测量面积……"铅笔头重复说了一遍，"这个不那么容易解释。不过我尽量吧。首先，我们来回忆一下，我们是怎么测量长度的。"

> 你还记得如何测量长度吗？
>
> 指一指尺子上的 1 厘米。
>
> 你那条长度 1 米的
>
> 小绳子还留着吗？

小博学说：

"在托利亚大叔那儿测量作坊长度的时候，我们拿了一根一米长的小绳子，贴着墙壁把它一次一次挪过去。"

"对，对！"小聪明打断了他，"挪了多少次，长度就是多少米。"

"还用厘米测量过长度，"百事问补充道，"还有千米。"

"正确。"铅笔头肯定了他们的话，"测量长度可以使用各种尺度：厘米，米，千米……每一次我们都取一个适合的尺度，挪动这个尺度，然后数数挪动了多少次。是这样：面积也用同样的方法测量！只不过用的是它自己的尺度：平方厘米，平方米，平方千米。"

小聪明和百事问笑了起来：

"什么啊！厘米，怎么突然成了正方形[①]的？！如果它是线段，那怎么会是正方形的呢？也许，你还会想出什么三角形米和圆形千米吧？"

"这没什么好笑的！"铅笔头说，"平方厘米是这样的一个单位。是边长 1 厘米的正方形。你们看。"

"借助它可以这样来测量面积。我们随便取一个矩形。比如，像这样的。"

---

① "平方"和"正方形"在俄语中是同一个词。——译注

"首先我们来测量它的边长。"

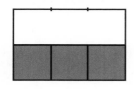

请你也来测量一下这个矩形的边长。
在自己的本子里
画一个同样边长的矩形。

"它的边长分别是3厘米和2厘米。我们来想象一下，我们把平方厘米一个挨一个严严实实地码放在我们的矩形上。先是一排，就像这样。"

"你们看到了吧，这一排码放了三个平方厘米。现在我们再来码放一排，就像这样。"

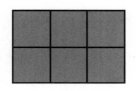

"里面又有了三个平方厘米。我们总共码放了多少平方厘米？"

你也来回答一下这个问题。
像铅笔头那样，
你也把平方厘米
"码放"到你在本子中画的矩形上。
数一数，一共有多少平方厘米。

"六个。"小博学说。

"正确。"铅笔头肯定了他的话，"面积我们也就测量出来了！我们矩形的面积是6平方厘米。明白了？"

"明白了！"小聪明第一个喊出声来。随后他顽皮地在朋友们面前摆好姿势，一边用手指着上面码放着平方厘米的矩形，一边出其不意地朗诵起来：

面积如何测量好？
问题再简单不过！
你往这里瞧一瞧：
平方厘米排两排，
整整齐齐站方阵，
如同小士兵一样。
要想知道面积数，
需要一一数清楚。

朋友们都喜欢小聪明的小诗。百事问高兴地重复着："你往这里瞧一瞧：

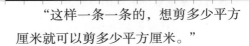

平方厘米排两排……"然后他问：

"也可以排三排好吗？"

"当然了。"铅笔头说，"可以三排，也可以四排……一切都取决于矩形是什么样的。比如说，你看看这个矩形。"

"你是怎么想的，里面可以码放多少排平方厘米呢？每排有几个平方厘米？这个矩形的面积是多少？"

你也想一想铅笔头提出的问题。
你可以测量出这个矩形的面积吗？

"你们知道么，"小博学说，"也许，我们可以真的在这个矩形里码放平方厘米！要知道，我们只是想象过在码放。现在我们来剪出一些平方厘米，码放它们，数一数。"

"我们从哪儿剪啊？"百事问问。

"瞧，就从这一条格纸里面剪出来。"

"这样一条一条的，想剪多少平方厘米就可以剪多少平方厘米。"

你也在格纸上画出这样一条。
用它剪出平方厘米。
尽量把它们码放到矩形上，
要像小博学做得那样整齐、规矩。
你码放了多少平方厘米？

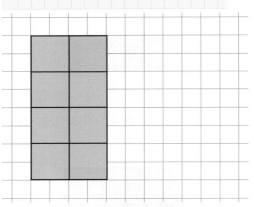

小博学一个一个数并码放在矩形上的平方厘米。

136

"八个！"他大声宣布，"这个矩形的面积是 8 平方厘米。"

"它们在矩形里码放了四排，"小聪明说，"你看到了吗，百事问？"

"看到了。每一排有两个平方厘米。"

"全都正确。"铅笔头肯定了他们的话，"正方形码放得好，数得也对。不过，你们当然清楚，测量面积时每次都把平方厘米剪出来码放上去没必要。"

"为什么？"百事问伤心地说，"瞧啊，我已经剪出这么多正方形了，一大堆呢！"

"没关系，"铅笔头说，"我们还会找到它们的用途。不过，你总不会

随身拿着这堆正方形到处走吧！"

"究竟怎么做呢？"

"数啊。比如，我们再次仔细观察一下后面的这个矩形。"

"看得出来，这条边的长度是 2 厘米。就是说，一排里面能码放两个平方厘米。这样的排会有几排呢？那我们就来测量一下这条边的长度。"

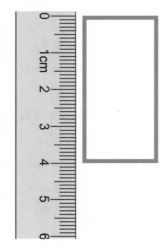

137

"结果是4厘米。就是说，会有四排。那一共有多少平方厘米呢？这就需要数一数了，如果2拿4次，结果会是多少。"

小博学说：

"如果2拿4次，那正好是8。可以换一种说法表达同样的意思：如果用2乘以4，那结果就是8。对吗？"

"对。"铅笔头回答。"可以说'乘以'。经常需要对数进行各种运算：加、减、乘、除……"

"那我们要对数进行各种运算吗？"百事问立马产生了兴趣。

"这本来就很有趣。"铅笔头说，"也许，我们将来会专门学习这个的。不过现在我们在学习几何，因此只有在必要的时候我们才对数进行运算。"

你会对数进行什么运算？

比如，请你把1和2、4和3、2和6分别加起来。

从2里减掉1，5里减掉3，9里减掉2。

用2乘以2，2乘以3。

用6除以3，10除以2。

练习练习数的运算。

在几何中这对你也有用。

铅笔头接着说：

"测量面积的时候最常对数进行乘法运算。我们是怎么知道我们最后那个矩形的面积的？2乘以4。现在我们来回忆一下我们的第一个矩形：为了知道它的面积，需要乘哪些数啊？小聪明，你来回答这个问题。"

请你也回答一下这个问题。

小聪明想起那个矩形的边长是3厘米和2厘米，于是他精神抖擞地报告：

"需要用3乘以2。结果是6。那个矩形的面积是6平方厘米。是吧？"

"是这样。"铅笔头肯定地说，"你

们还想测量面积吗？"

"想！"百事问代表大家回答。

"那就再给你们一个矩形。"

"这个是正方形！"百事问高喊。

"那又怎么样，"小博学说，"我们知道，正方形也是矩形。只不过边长一样而已。就是说，为了算出来它的面积，只测量一条边就够了。我们来测量一下吧。"

请你也来测量一下
这个正方形的边长。
你得出的数是多少？
用这个数乘以同样的数。
说说看，你得出的结果是多少。

小博学确定了正方形的边长是3厘米。

"现在需要用3乘以3。"他说，"结果是9。就是说，这个正方形的面积是9平方厘米。"

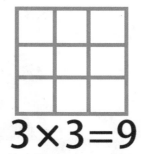

$$3 \times 3 = 9$$

铅笔头说：

"瞧，我们多多少少知道了该如何测量面积。"

"为什么要测量面积呢？"百事问问。

"我们已经说过这个了。你回忆一下：我们想比一比糖果盒，比比哪个更大，现在你自己就可以回答该如何解决这个问题了。"

你可以回答该怎么做到这个问题吗？

百事问猜到了：

"需要测量每个盒子的面积。然后比较这两个数。是吧？那样我们就会知道哪个盒子的面积更大。"

"好样的！"铅笔头夸奖百事问，"这里还有一道题，不测量面积就解决不了。你们想象一下，我们正在维修一套房子，想给墙壁贴上新的壁纸。为了让所有墙壁都贴满但又不剩下多余的，需要买多少壁纸呢？该如何确定这一点？"

小博学说：

"该预先算出来需要贴壁纸的墙壁面积是多少。结果是多少，就买多少壁纸。"

"墙壁能放下多少平方厘米啊！多得要命！我们数都数不过来！"小聪明惊呼。

"的确如此。"铅笔头同意他的话，"如果用平方厘米测量墙壁面积的话，那得出的结果是太大的数了。很容易就乱套了！这时使用另一个单位要方便得多——**平方米**。通常用平方米来测量房间地板的面积（比如，如果想知道需要在上面铺多少地砖），测量花房屋顶的面积（如果需要铺铁皮或石棉瓦），测量不大的地段的面积……"

百事问问：

"那大块的地段面积怎么测量呢？用什么尺度？怎么，不是平方米吗？"

"对于这样的情况平方米自然不是

很合适。大块的地段用**平方千米**来测量。还有其它各种单位。各个国家、不同时代的人们想出了许多种尺度。总之，我必须告诉你们，我的朋友们，当人们明白他们应该学会丈量土地的时候（那是很久很久以前），几何就出现了。"

"顺便说一句，俄语中'几何'这个词是从希腊语翻译过来的，它的意思就是'土地丈量'。明白了吗？几何——土地丈量。"

1. 请你测量出这些矩形的边长，算出面积。

2. 现在测量出这些矩形的面积。

说说看，它们中的哪一个最大，哪一个最小。

3. 把这些矩形的面积也测量出来。

在格纸上画出同样的两个矩形。你发现了吗，这两个矩形

141

实际上是一样的？假如它们颜色一样，并排"站着"，那每个人都会轻易地发现这一点。你可以这样检验：把你画的两个矩形从格纸上剪下来，把它们摞起来，它们会吻合在一起。

4. 我们刚刚观察过的两个一样的矩形面积是同等的，12平方厘米。下面这两个矩形的面积也是同等的，6平方厘米。

可是它们样子不同：把它们摞到一起是不会重合的。你发现了吗？

5. 在格纸上画一个面积为4平方厘米的正方形。这个正方形的边长是多少？

再画一个矩形（不要画成正方形），面积同样是4平方厘米。这个矩形的边长是多少呢？

6. 尽量制作一个边长1米的正方形。你可以试试用纸粘一个。也可以运用别的方法：用任何硬的东西，比如小木条或金属丝，制作正方形的边；别忘了，正方形的各条边必须形成直角。

把你做出来的结果让大人们看看；如果你自己解决这个问题有困难，那就让他们帮你好了。

瞧，你又制作了一个测量面积的单位——1平方米。借助它尽量在地板上画出（比如，用粉笔）一个2平方米的矩形。

7. 1平方米在书页或本子上当然是放不下的：它们太小了！不过我们已经用小单位代表过大单位了，你记得吗？

动动脑子：在图纸上什么可以代表1平方米？最简单的做法恐怕是这样的：用一厘米代表一米。这样在本子或书里

就会方便地表现大矩形，计算出它们的面积。比如说，像
这样来表现面积为 3 平方米的矩形：

检验一下。记住，1 厘米现在代表的是 1 米。现在在你本
子里用图纸表现出你刚刚在地板上画的面积为 2 平方米的
矩形。

8. 商店里在卖地毯。一个地毯的长度是 4 米，宽度是 3 米。
就是用这幅图表现的。

测量图画中矩形地毯的边长，计算出它的面积。地毯本身
的面积是多少？

9. 农庄的一块田地是矩形，长度为 3 千米，宽度为 2 千米。

你认为，测量这块田地的面积使用哪种单位方便？计算一
下，这块田地的面积是多少平方千米？

10. 这是两个矩形。

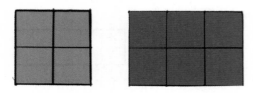

红色矩形(你看到了,这是个正方形)的面积是 4 平方厘米,
蓝色的面积是 6 平方厘米。把一个矩形和另一个矩形拼在
一起,像这样。

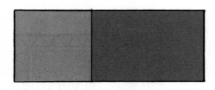

我们组成了一个新矩形。它的面积是多少呢?

为了计算出由两个图形组成的一个图形的面积,需要把它
们的面积相加。

$$4+6=10$$

这里又有两个矩形。

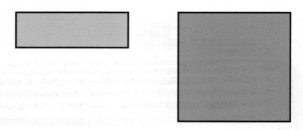

把每一个的面积测量出来。想一想,怎么可以用这两个矩
形组成一个新矩形。计算一下(不要再测量了),这个新
矩形的面积是多少。

11. 仔细观察这个矩形。

它由两个部分组成：涂了颜色的和没涂颜色的。（你当然发现了，这两个部分都是矩形。）测量整个矩形的面积和涂颜色部分的面积，再无需测量，就可以计算出未涂颜色部分的面积。

$$8-6=2$$

12. 仔细观察这个三角形。

你发现了吗，它是等腰直角三角形。组成直角的每一条边的边长是 2 厘米（检验一下）。你是怎么想的，我们能否测量出这个三角形的面积？对于这样的问题，小聪明马上就会说：“当然不能！因为在三角形里不能码放作为单位的正方形！”的确，在这里只用完整的平方厘米是解决不了问题的。你看：

我们的三角形里放下了一个平方厘米，可还剩下两个三角形呢。不过如果仔细观察，那就可以轻易猜到，这两个三角形还可以组成一个平方厘米。你来想象一下，我们从三角形上把它们"剪下来"了，拼在一起，就像这样：

我们来给这两个三角形涂上颜色。

如果把涂了颜色的三角形复归原位，
那我们的三角形就会是这个样子。

我们发现，这个三角形是由三个部
分组成的。用同样的这三个部分可以组
成这样一个矩形。

它的面积是多少？ 2平方厘米。也就是说
我们的三角形的面积同样是2平方厘米。

现在你想一想，说说看，这个图形
的面积是多少。

那这个呢？

13. 我们回到我们的三角形。

我们已经知道，它的面积是2平方厘米。
想一想，如何用另一种方法计算出它的
面积。用纸剪一个这样
的三角形。现在用纸再
剪一个一模一样的三角形。把它们拼在一
起，就像这样：

你看到了，得到的是一个正方形。它的边长是 2 厘米。那面积呢？是 4 平方厘米。可这个正方形是由两个同样的三角形组成的。就是说，为了得到正方形的面积，需要把两个相同的三角形面积加起来。结果就是：一个三角形的面积是正方形面积的一半。那怎样找到一半呢？需要除以 2。

$$4 \div 2 = 2$$

瞧，我们用另一种方法也计算出来了，我们三角形的面积是 2 平方厘米。

现在请你用同样的方法计算出这个三角形的面积。

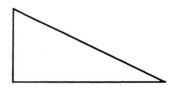

14. 铅笔头画了一个矩形，一条边的长度是 4 厘米，另一条边的长度是 3 厘米。然后他画了一条对角线。得到两个直角三角形。计算一下，每个三角形的面积是多少。

15. 仔细观察这个三角形。

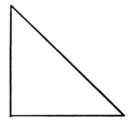

你发现了吧，它是等腰直角三角形。形成直角的每条边都是 3 厘米（检验一下）。我们知道用什么办法可以计算出这种三角形的面积。首先需要用 3 乘以 3，得到的是

9（平方厘米）。现在需要用9除以2。结果是多少？算出来了吗？

百事问这种时候会惊叫："哎呦，算不出来！2除不了9！"

可小博学会说："是的，这里全用完整的平方厘米是应付不来的。"

小博学说得对。你看看这张图。

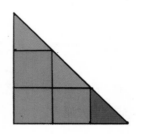

你看到了吧，我们的三角形里码放着三个完整的红色平方厘米；还有一个平方厘米是由两个绿色的半平方厘米三角形组成的；还有半个平方厘米是蓝色三角形。那一共是多少平方厘米？3加1是4，还有半个呢，总共是四个半。我们三角形的面积是四个半平方厘米。

这个图形的面积是多少？

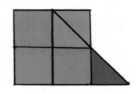

这个图形是怎么从我们的三角形里得出来的？

现在你来确定，这些图形的面积多少？

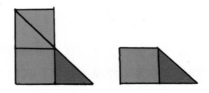

点点历险记（如何渡过没有岛屿的大海／乘坐筏子航行／用正方形可以造出什么样的筏子）；
　　快乐的小人儿们也用正方形制造筏子（相互对称／轴对称图形）。

厢里分别坐好，火车风驰电掣向前奔去，去迎接新的历险。"

"是的，是的。"铅笔头肯定了他的话，"你们接着听童话吧。"

快乐的小人儿们重新见面以后，小聪明问：

"铅笔头，为什么你不接着给我们讲童话了呢？我们那么长时间没有听了！"

"对，对，请接着讲童话吧。"百事问恳求道。

铅笔头说："好。你们还记得我们讲到哪儿了吗？"

"我们记得。"小博学代表大家回答说，"点点和她的朋友们修好了被橡皮强盗损坏的铁路。他们决定坐火车继续追捕坏橡皮。大家在不同的车

火车向前飞奔。车厢里的旅客们说着橡皮强盗的事。他们大骂橡皮，因为她的胡作非为义愤填膺。"要尽快抓住强盗！不能让她伤害大家！她现在躲哪儿去了呢？"四面都传出追踪者七嘴八舌的喊声。

此时，大家全都目不转睛地望着左右两边：坏橡皮会不会在什么地方冒出来呢？

突然，一个急刹车，火车停住了。惊讶的旅客们从车厢里摔了出去，他们发现往前走不了了：他们脚下的铁轨伸向水里，前方是一片大水。

"这是怎么了？出什么事了？"司机惊呼，"这汪洋大海是从哪儿来的？昨天这段路还都好好的呢。我们的火车一站一站驶过这里，停都没停。"

圆规发话了：

"这是水灾！这么多水，就好像决堤了，整个水库的水都流出来了。"

"这儿附近的地方，"司机接过话头，"确实有一个水库和大堤。"

"我知道发生什么事了！"点点大叫，"是坏家伙橡皮强盗把大堤擦掉了！为的是把我们全都淹死！"

"哎呀，坏家伙！"大家争先恐后地说，"究竟该怎么办呢？我们该怎么继续追捕呢？"

"我知道！"点点又嚷嚷起来，"我们的线段朋友们会再次救我们的。你记得吧，圆规，曾经用他们在墨海上

造了一座桥？"

圆规说：

"这里造不出桥。因为墨海里有小岛，可这里一个都看不到。需要采取别的什么办法了。"

剪刀插话了：

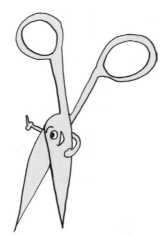

"我们可以乘坐筏子漂过大海。"

"太棒了！"点点兴奋地说，"我还从没在海上航行过呢。那我们用什么做筏子呢？"

"用正方形。我们拿来几个正方形，把它们固定在一起，这样筏子就做成了。"

剪刀边说边拿来了三个大小一样的正方形，三角形工人们迅速把它们固定到一起。就像这样。

点点拍了拍巴掌：

"多好的筏子呀！喂，我要坐着它航行！还有你，圆规。还有你，剪刀。还有你们，三角形工人们……"

"等等，等等。"剪刀打断了点点的话，"我们人这么多，这个筏子装不下。"

"那我们就把它做大些。"

"好。"剪刀同意了。他又拿来同样的三个正方形，三角形工人们把它们固定到筏子上。就像这样。

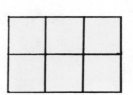

"这个筏子能把大家都装下吗？"点点问。

"不行，"剪刀回答，"不能全都装下。"

"那怎么办呀？"点点伤心地问，"要不，我们要把筏子做得更大一些？"

剪刀说：

"筏子太大恐怕也不行。它会不结实，风浪大的话可能会断裂。我们最好做出几个筏子。"

剪刀又拿来六个正方形，三角形工人们用它们制作了一个新筏子。只是这一次筏子的形状有点不同。

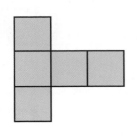

新筏子点点更喜欢。

"我要坐它航行！"她高喊。

"你等等。"三角形工人们说，"我们还要制作一个筏子。你看。"

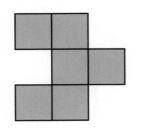

"乌拉！这个筏子最好！我要坐它航行。"

"你为什么认定它最好呢？"圆规问。

点点说：

"它比其他的大。它会把我们所有的人装下。"

"不是这样的。"圆规反驳道，"你好好看看，每个筏子都是用几个正方形组成的。"

"六个。"点点数了一遍。

"并且所有的正方形大小都一样，"圆规接着说，"就是说，我们筏子的面积全都是一样的。一个筏子能装下多少个人，另一个筏子就能装下多少。"

旅行者们把筏子放到水里。每个筏子上都竖起了线段桅杆，桅杆上固定着三角形

的帆。大家分别上了各个筏子，然后他们离了岸。

风是顺风，载着旅行者的筏子轻盈地在波浪上滑过。点点太喜欢在海上航行了，甚至暂时忘记了橡皮强盗，忘记了他们大家需要尽快抵达对岸。对岸已经在远处出现了。大家开始饶有兴趣地凝视某个陌生城市若隐若现的轮廓。没有任何危险的迹象……

筏子已经完全驶近岸边了，突然，风一下子大起来了，大浪翻卷而起。点点乘坐的筏子　　　　倾斜得厉害，点点没坐住，眨眼之间就掉到水里了。

"我——沉——了！"点点大叫，"救命！"

筏子里的人全都扑向筏子边缘，想要救点点。就在这一刻，点点旁边落下来一个救生圈，随后又落下来一个。点点抓住了救生圈。

圆规和朋友们迅速把她从水里拖出来。危险过去了。就在这时筏子靠岸了。

铅笔头不讲了。

"那然后呢？"百事问惊呼。

小聪明接过话头：

"突然出现的救生圈是从哪儿来的？"

"还有，旅行者们看到的是什么城市？"小博学把话接了下去。

铅笔头回答：

"这一切你们下一次会了解到的。"

"我们现在要干什么？"百事问问。

小博学想起来了，童话里的旅行者们用正方形制作了各种形状的筏子。他说：

"我们也来用正方形制作各种形状的筏子吧！"

"对了！"小聪明支持他，"我们也拿六个正方形，用它们制作不同的筏子，把可能的形状都做出来。"

铅笔头说：

"好建议。只不过我们不会拿六个正方形，因为用它们制作筏子形状会太多了。我们全都做一遍是不可能的。我们从简单一些的任务开始：我们用三个一样的正方形制作出所有可能形状的筏子。"

"我们不用两个正方形制造吗？"小聪明问。

"这项任务太简单了。两个正方形制作出来的只可能是一种形状的筏子。你在格纸上把这样的筏子画出来吧。"

> 你也在格纸上把两个一样的正方形做成的筏子画出来。

小聪明画出了两个正方形制作的筏子并涂上了红颜色。

百事问也画出两个正方形做成的筏子，涂上了蓝颜色。

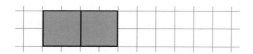

"哎呀，"百事问很惊讶，他把自己的画与小聪明的画并排放好，"我的和小聪明的筏子为什么不一样啊！"

铅笔头作了解释：

"它们只是颜色和摆放不一样。而我们现在关心的是形状。就形状来说这两个筏子是一样的。你发现了吗？"

你是否发现小聪明和百事问画出的筏子形状是一样的？

"我发现了，"百事问回答，"那我们现在来画三个正方形做出的筏子吧！有趣的是，它们会出现多少种不一样的呢？"

"嗨，我来画！"小聪明宣布。

请你也画出三个同样的正方形制作的所有可能形状的筏子。
你的结果是多少种筏子？

这些是小聪明画出的筏子。

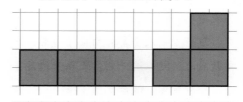

把这两幅画跟自己的画比一比。
你画出的是同样的筏子吗？

铅笔头问：

"这是用三个正方形拼成的所有筏子吗？"

"所有的。"小聪明自信地回答。百事问却迟疑了一会儿，然后语气犹豫地开了腔：

"可以这样拼吗？"

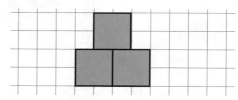

铅笔头说：

"我们将要考虑的只是那些正方形和正方形的整条边连在一起的筏子。因此，百事问，这个筏子不合适。"

"那这个合适吗？"

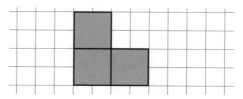

156

"这个合适。不过我们已经有这样的了！"

"怎么会？"百事问问。

你发现小聪明已经画出
这样的筷子了吗？

铅笔头对百事问说：

"你仔细看看：小聪明画中的'角'筷与你的形状一样。只不过摆放得不一样。如果把它翻转一下，那它摆放得就会跟你的一模一样。发现了吗？"

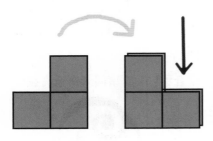

"还可以把筷子翻转一次，然后再一次。"小博学说，"那就会出现这样的结果。"

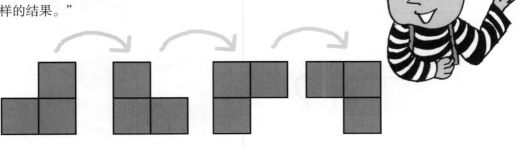

"形状是一样的，只是摆放得不一样。如果再翻转一次，那就重新回到最初的样子了。对吗？"

请你也在格纸上画
一个三个正方形的"角"筷。
涂上颜色，剪下来。
现在像小博学那样翻转你的筷子，
观察一下它位置的变化。
检验一下，
从最后那种位置再翻转一次，
它的位置就会回到最初的样子。

小博学提议：

"我们把四个正方形可能做出的筷子全都画出来吧。三个的我们全都已经画出来了，一共有两种。有趣的是，现在会出现几种不同的筷子呢？"

157

请你也来完成这个任务。
尽量画出四个正方形拼成的
所有可能的筷子。你有几种呢？

"这个任务我们应付得了。"铅笔头说，"我们来画筷子，为了更容易计算出结果有多少种，我们在每个下面注明号码。"

小聪明赶紧第一个画出了筷子，高兴地在下面注明数字1。小博学不慌不忙地画出他的筷子，在下面注明数字2。

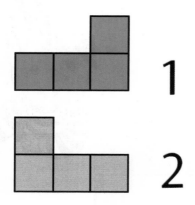

"难道它们不一样吗？"百事问信心不足地开口说道，"我认为，它们

形状是一样的。"

"你来亲自检验一下。"铅笔头积极地响应他的话，"你来画一个与1号筷子一模一样的筷子，涂上颜色，试着把它擦到2号筷子上面，让它们重合。如果重合了，那么1号筷子和2号筷子的形状就是一样的。如果不重合，那形状就不一样。"

百事问开始完成铅笔头的作业。他画了所需的筷子，然后试着把它擦

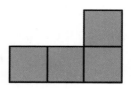

到2号筷子上面。

"重合了！"百事问兴奋地高喊。

小博学惊讶不已：

"不可能！因为能看出来，1号和2号筷子形状不同。百事问的筷子怎么可能擦到2号筷子上呢？你解释一

下，铅笔头。"

铅笔头解释道：

"为了让百事问的筷子能摞到2号筷子上，百事问不得不把它翻个个儿。你们看到了吧，现在它涂上颜色的一面在底下。如果不把这个筷子完全翻个个儿，那么，把它摞到2号筷子上是无论如何都做不到的。"

请你也在格纸上画一个与1号筷子完全一样的筷子。

涂上颜色，剪下来。

试着把你剪下来的筷子摞到2号筷子上。

不要翻个个儿！你能摞上去吗？

现在把它翻个个儿。摞上去了吗？

"我明白了。"小博学说话了，"需要区分正面和背面。那样的话，1号筷子和2号筷子的形状就不一样了。如果不管正面和背面，那它们的形状就是一样的。它们之中的一个翻一个个

儿就会变成另外的一个。对吗？"

"对。"铅笔头肯定了他的话，"可旅行者们不能不管不顾筷子的正面和背面。所以呢，我们不会把我们的筷子翻个个儿的！"

说完，铅笔头沉思了片刻，然后神情狡黠地看了一眼朋友们，说道：

"不过呢，如果你们很想在不翻个个儿的情况下把这些筷子中的任何一个变成另一个，那么，我可以向你们展示一下做到这一点的一个有趣的、不同寻常的办法。你们想吗？"

"当然了，我们想！"小聪明、小博学和百事问齐声回答。

铅笔头说：

"那你们就看仔细了，看我是怎么做的。"

铅笔头拿起一张纸，在上面画了两个筷子。跟1号筷子和2号筷子一模一样的。他在它们中间画了一条直线。

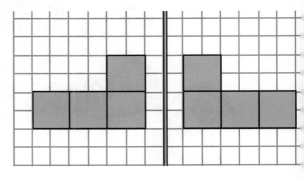

然后他拿起镜子，把它沿直线垂直放好。快乐的小人儿们目不转睛地盯着铅笔头。他把镜子放好以后，他们立刻盯着镜子，发现……

你猜他们发现什么了？
请你也拿一面镜子，
把它垂直放到铅笔头画的直线上。
你在镜子里看到什么了？

"哎呀！"百事问惊呼，"我们用镜子把一个筷子隔开了。它又在这儿了，看起来一模一样。好像镜子没了！"

铅笔头说：

"我们确实把第二个筷子隔开了。我们当然看不到它。第一个筷子映照在镜子里，'变成了'它。我们看到的是这个映像。"

"有意思。"小博学说，"就是说，

一个筷子的映像跟另一个筷子的形状一模一样。"

小聪明把镜子从铅笔头手里拿过来，把它转向另一个筷子。

"你们看哪！"他兴奋起来，"现在第二个筷子变成第一个了。结果就是，它们两个可以互相转换！"

你来确认一下，第二个筷子的映像
与第一个筷子的形状一样。

"是的，"铅笔头肯定地说，"这

两个筷子中的每一个在镜子中都可以变成另一个。可以说，它们当中的每一个都是另一个在镜子中的映像。这样的图形，人们称它们**相互对称**。比如说，瞧这两个三角形，

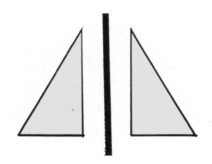

这两条线，

它们相互对称。"

用镜子检验一下，

铅笔头画的三角形相互对称。

也检验一下，

他画的两条线相互对称。

你自己也想个什么

相互对称的图形并画下来。

"瞧我想出了什么对称的图形！"小聪明嚷嚷着。

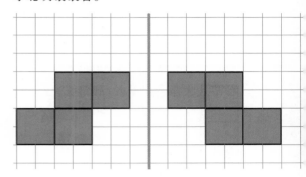

"这又是四个正方形拼成的筷子，3号和4号。"百事问说，"还剩多少要画的？"

小聪明宣称：

"大概可以成对儿画，每次两个对称的筷子。我们画出一个，把镜子靠上去，立刻就能看到与它对称的筷子是什么形状。"

"你确信，用这样的方法得到的一对儿筷子总是正好不一样？"

小聪明惊讶地问：

"能不能这样？来，你们看。"

小聪明自信地画了一个新筷子，像先前一样

161

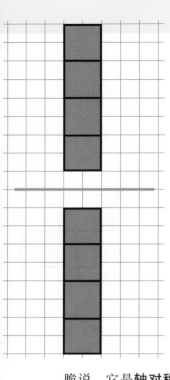

把镜子靠上去……

"哎呀！"他惊叫，"镜子里的筷子一模一样！有——意——思……"

铅笔头说：

"你看到结果了吧。你新筷子的对称筷子跟它本身的图形一模一样。就这样的图形人们说，它**轴对称**。或者干脆说，它是**轴对称图形**。比如，任何等腰三角形都是轴对称图形。"

铅笔头画了一个等腰三角形，旁边画了一条直线，把镜子立到线上，于是大家都看到了，镜子中三角形的映像与它自身的形状一模一样。

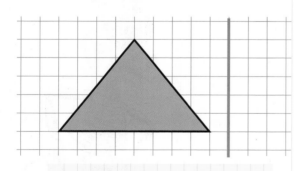

你也确定一下，

这个等腰三角形是轴对称图形。

之后铅笔头又画了一个这样的三角形，画了一条直线，但不是在它旁边，而是从它中间穿过去。像这样：

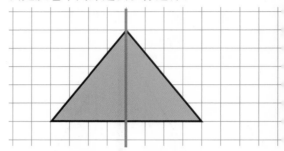

"你们看，"他对朋友们说，"我把镜子立到这条直线上。你们看到什么了？"

你也把镜子立到这条直线上。

你看到了什么？

"我们看到，"小博学代替大家回答，"一个一模一样的三角形。就好像镜子没有了。"

铅笔头确切地说：

"镜子中的映像跟被镜子挡住的半个三角形的形状一模一样。因此，我们面前仿佛又是一个完整的三角形了。"

"也可以穿过我的对称筷子为镜子画一条同样的直线吗？"小聪明问。

"当然。你自己动动脑子，可以在什么地方画线。把它画出来，用镜子检验一下你画得对不对。"

"我的直线画得对！"小聪明高喊，他让朋友们看他的图。

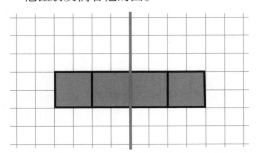

然后朋友们开始一起想，他们还能用正方形画出什么样的筷子。有两个。是这样的。

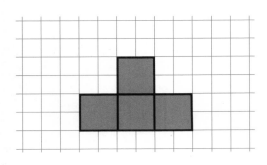

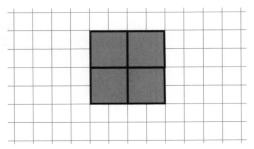

"你们看到了吧，"铅笔头说，"这两个筷子中的每一个都是轴对称图形。"

百事问问：

"我们一共有多少种筷子？"

"我们数一数吧。"铅笔头提议，"两对儿相互对称的，就是说，有四个；还有三个轴对称的：5号、6号和7号。

163

你们看，你们瞧：
三个三角、鹅蛋脸，
画出可爱对称图！
只需动上一小下，
镜子立到直线上，
你会看到我的画，
里面映像正是它。

快乐的小人儿们喜欢小聪明的小诗，也喜欢他的画。百事问拿起镜子，把它立到直线上。他瞥了一眼映像，转向小聪明，高兴地重复了一遍他最后几行诗，只是略微改动了一下：

只需动上一小下，
镜子立到直线上，
我看到了你的画，
里面映像多美丽。

一共有七个筏子。瞧，我们把任务完成了。"

"瞧啊，我画出了什么！"小聪明大叫，"你们看！快听我说！"

他让朋友们看他刚刚完成的图画。

大家全都兴趣盎然地观看图画，小聪明朗诵起来：

1. 请你观察这两个三角形。

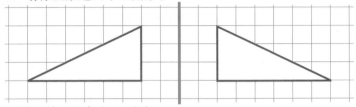

用镜子确认它们相互对称。

2. 在格纸上画出这样一张图。

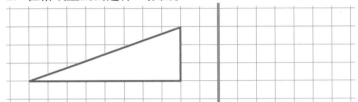

现在在直线右边画一个与左边的三角形对称的三角形。

3. 观察矩形。

它是轴对称图形。为了确定这一点，可以用两种方法在它中间画一条直线。

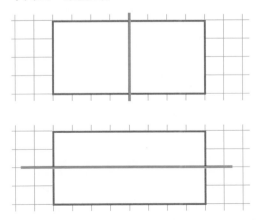

165

把镜子立到每条直线上，检验矩形的对称性。

任何一个矩形都是轴对称图形。在格纸上随便画一个矩形。比如，这样的：

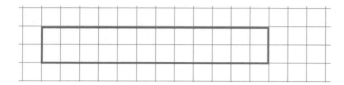

找一找，为了确认对称性，需要穿过什么地方画直线。

4. 正方形也是矩形。因此穿过任何一个正方形都可以画出两条直线，表明正方形也是轴对称图形。比如这样的正方形：

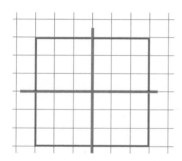

不过穿过正方形还可以画两条表明它对称的直线。这两条直线穿过正方形的对角线。

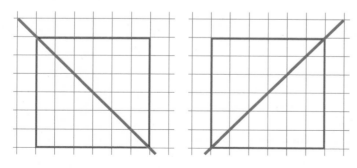

把镜子立到每条直线上，检验一下，映像与被镜子挡住的

166

正方形部分完全一样。

5. 如果直线表明图形是轴对称图形，那么，这样的直线叫这个图形的**对称轴**。就是说，正方形有四个对称轴。在格纸上画一个正方形，把穿过它的四个对称轴全画出来。

6. 小聪明画了一个矩形，沿着它的对角线画了一条直线。

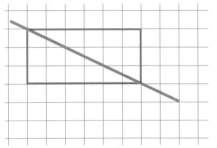

"这是这个矩形的对称轴。"他宣布。

"你错了。"铅笔头说，"这个矩形不是正方形，所以它的对角线不是对称轴。"

把镜子立到对角线上，仔细看看结果是什么，你会确定小聪明错了。不是正方形的矩形只有两个对称轴。你再看看练习 3，那个练习展现过这样的对称轴。

7. 等边三角形有三个对称轴。你瞧，每个对称轴都单独画出来了。

用镜子确定一下，这是对称轴。

这个等腰三角形只有一个对称轴。

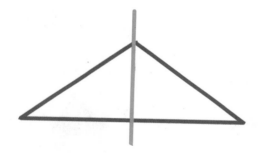

而这个三角形一个对称轴都没有。

不管你怎么放镜子，三角形映照出来的部分永远不会跟被镜子挡住的部分一样。拿出镜子，试着确定这一点。

8. 这是一个圆，穿过圆心画了一条直线。

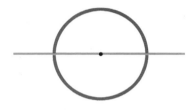

你很容易就能检验出来，这条直线是对称轴。想想看，圆还有没有其他对称轴？有多少？

如果好好想想，那就可以猜得出来，圆的对称轴有无数条。实际上，任何一条穿过圆心的直线都是对称轴。

用圆规画一个圆，穿过圆心画几条直线，确认一下，每一条都是对称轴。

9. 对称轴不仅在几何图形中可以发现。如果画出蝴蝶、树叶、雪花儿，那就很容易发现，在这样的图画中也可以画出对称轴。

在雪花儿图中还可以画出好几条对称轴来。想想看，可以怎么画。

在书本中找出洋甘菊、甲壳虫或其它什么可以发现对称轴的图画。尽量在自己的本子里画出这样的图画。

10. 回忆一下，快乐的小人儿们是如何画所有可能存在的四个正方形筷子的。现在我们来画五个正方形的筷子吧。

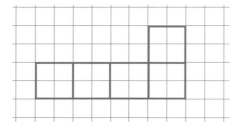

很容易画出与它对称的筷子。瞧，这两个筷子并排了。能
清楚地看出来，它们相互对称。

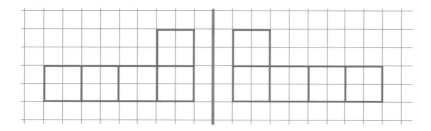

现在画出一个这样的筷子。与它对称的筷子是这样的。

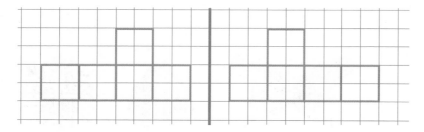

把两个筷子并排画在一起，要清楚
地看出来它们相互对称。
现在在本子里画出这样的筷子。

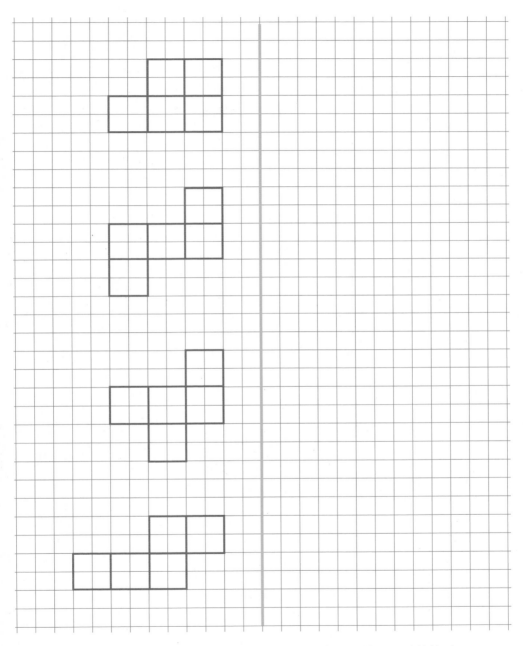

在直线的另一边，画出与每一个筷子相对的筷子。

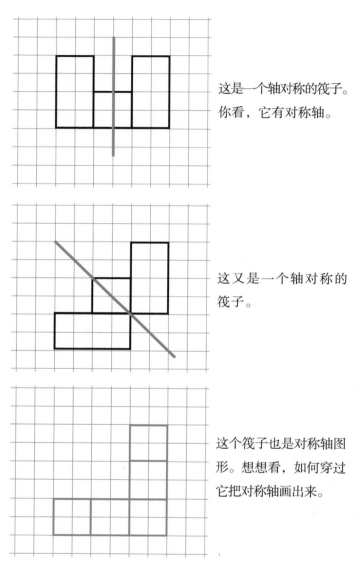

这是一个轴对称的筷子。你看，它有对称轴。

这又是一个轴对称的筷子。

这个筷子也是对称轴图形。想想看，如何穿过它把对称轴画出来。

还可以画出三个由五个格子拼成的筷子，每一个都对称轴图形。尽量把它们画出来。

快乐的小人儿们回到学校（立方体／球体／圆柱体）；
点点历险记（橡皮强盗被逮住／可以擦掉没有尽头的
直线吗／再也没有人在几何国中胡作非为）。

快乐的小人儿们经常回忆起他们那一次到学校的情景。他们多喜欢坐在课桌后面，听尼娜老师把四边形讲得妙趣横生啊。

"我们再去拜访尼娜老师吧。"小聪明提议，"再玩一次上学游戏！还能了解些新的几何知识。"

"走！"大家立马就同意了。

朋友们出发去了学校。尼娜高兴地问候了小人儿们。

"我们好久没见了！"她说，"嗨，这段时间你们经历了什么有趣的事儿？你们了解到什么新鲜事儿了？学到什么了？"

小人儿们争先恐后地说起来了，说他们见过设计师科斯佳叔叔，到过木匠托利亚大叔的作坊……他们讲了在几何方面已经知道并且会做的事情：什么是圆周和圆，如何测量长度和面积，什么是轴对称图形，怎样检验对称性。

"真是好样的！知道了这么多！"尼娜惊喜地说，"可以说，你们现在与几何能够'称兄道弟'了。要知道，不是我所有的学生都对几何感兴趣的。"

"可我们非常感兴趣！"小聪明骄傲地回答。然后他猛地蹿到黑板跟前。大家全都以为他现在要在黑板上用粉笔画什么东西。可他没画，而是一如既往地唱起了刚刚想出来的歌谣：

咱们与几何"称兄道弟"，
咱们擅长拼装筷子，
咱们擅长测量面积，
对称也会把它检查。
擅长唱起圆的歌谣……
咱们多么多么擅长！

尼娜微微一笑：

"我发现了，你，小聪明，擅长的不仅是拼装筷子，你还擅长编小曲儿。你用积木拼过小房子吗？"

"没有，这个我们还没做过呢。"铅笔头插言，"我们介绍的只是平面图形。"

"什么是'平面'？"百事问听不懂，"你没跟我们说过这个词，铅笔头。"

铅笔头解释道：

"'平面'这个词我确实没说过。不过，迄今为止我们打交道的都是这样的图形。三角形，四边形，圆，这些全都是平面图形。每一个这样的图形都可以从纸上剪下来，整个铺在桌子上或是贴到黑板上。"

请你把纸上的三角形、四边形和圆剪下来。把它们铺在桌子上，确定它们是平面图形。再用纸随意剪个平面图形，把它铺到桌子上。

小博学说：

"而积木不是平面图形，对吗？不可能把它整个铺在桌子上；不管你怎么放，它一定会高出桌面。"

"对。"尼娜肯定了他的话，"积木当然不是平面的。只是通常不把它称作图形。几何中有专门的用语——

体。立方体是**几何体**。"

"**球体**也是几何体。"铅笔头补充说。

"通常还有什么样的几何体呢？"百事问问。

尼娜说：

"有许多各种各样的几何体。一下子不可能全都说出来。今天我只再说一个体——**圆柱体**。"

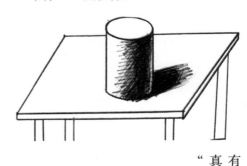

"真有趣！"百事问惊叹，"立方体，球体，圆柱体，有多少各种各样的几何体啊。请给我们讲讲它们吧！"

"我正打算这样做呢。首先我们来学习立方体。我们再详细地说说它吧。"

小聪明惊讶地说：

"立方体有什么好说的呀？不管你怎么放它，它的每一边都是一样的。它的每一边都是正方形。"

"你指出那是正方形，正确。"尼娜说，"只不过每一个这样的正方形不叫边，而叫立方体的**面**。你来说说，小聪明，立方体有多少个面？"

"四个。"小聪明回答，他连想都没想。

请你也来回答尼娜的问题。
拿出一个立方体的积木，
数一数它有几个面。
小聪明回答得对吗？

尼娜说：

"你啊，小聪明，又操之过急了。所以你回答得不对。实际上，立方体有六个面。你来数数。"

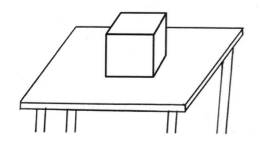

"放着的时候它一面在下面，另一面在上面，侧面还有四个面。"

小博学拿起积木，把它的各个面涂上颜色，每个面颜色不同，然后把所有的六个面展示给朋友们看。

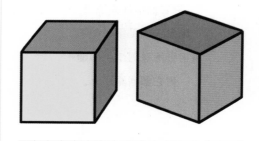

你有各个面可以涂颜色的积木吗？
那就涂上颜色，让每个面颜色不一样。

尼娜接着说：

"立方体有几个面，我们数过了。你来说说，铅笔头，立方体还有什么是可以数的？"

"棱和顶点。"铅笔头回答，"立方体的面是正方形。这些正方形的边叫立方体的**棱**。"

"那立方体有几条棱呢？"百事问问。

"我们一起来数一数，朋友们。"小博学提议。

你也来数一数，立方体有几条棱。

第一个完成任务的是小博学。

"立方体有十二条棱。"

"你怎么这么快就数出来了？"百事问惊奇地问。

"我把立方体想象成一个房间。房间的地板是正方形。这就已经是四条棱了。天花板也是正方形。又有四条棱了。结果已经是八条棱了。墙角还有四条棱。一共是十二条棱！"

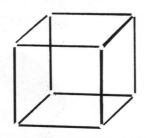

小博学拿出十二根长度一样的小棒儿，开始用它们制作立方体。小聪明和百事问帮着他用橡皮泥固定小棒儿。瞧，这就是他们的成果。

"我们还没数立方体有几个**顶点**呢。"铅笔头提醒大家。

百事问问：

"立方体的顶点在哪儿呀？"

"在棱相交的地方。每个顶点都有三条棱相交。"

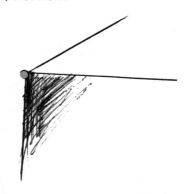

你来数一数，立方体有几个顶点。

"立方体一共有八个顶点。"小博学说。"你们看，我画了一个立方体，每个顶点都标注了号码。"

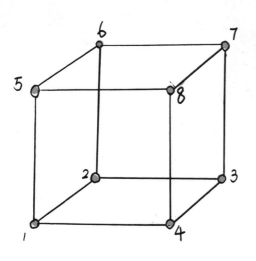

尼娜夸奖小博学图画得好。之后她注意到了正在用纸剪东西的小聪明。

"你在干什么？"尼娜问。

"我想用纸糊一个立方体。瞧，已经剪了六个面了。现在我来把它们糊起来。"

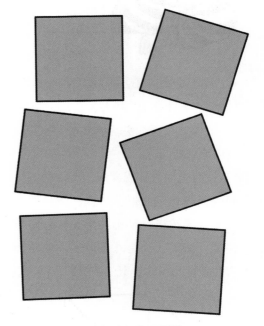

尼娜说：

"单独剪出来的面很难糊在一起成为立方体。有更简便的方法。可以用纸剪一个这样的

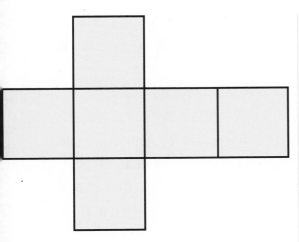

些'小舌头'。"

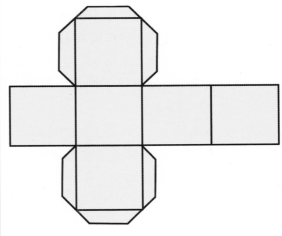

图形。立方体的六个面在这里都是连在一起的。"

"这是六个正方形拼成的筷子！"小聪明高喊。

"可以想象这是筷子。"尼娜同意他说的话。"如果这样把它往里面折，就会形成立方体了。"

"为了能够糊成立方体，方便粘贴的方法是额外给我们的筷子剪出一

请你用纸剪出一个带"小舌头"的类似的筷子（尺寸更大一些），尽量把它糊成一个立方体。

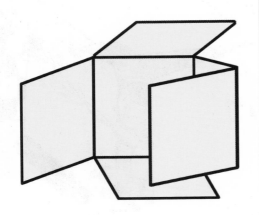

快乐的小人儿们开始用纸和硬纸板糊立方体。百事问糊成的立方体不是很大，也不是很漂亮。小博学与往常一样尽心尽力，他糊成的立方体又结实又整齐，后来还把每一面都涂上了颜色。小聪明决定给大家一个惊喜，开始用硬纸板制作比自己更高大的立方体。立方体已经几乎全都糊好了，只剩下固定最后一个面了，为了做起来更方便，小聪明钻进了立方体。他

做得太入迷，随后把这个面合上了，就像关门一样，把它结结实实地粘好……到了这个时候他才明白，他被关起来了！小聪明丝毫没有害怕，他决定利用这个机会，跟朋友们开开玩笑。大家惊讶地听到，不知从什么地方传出了神秘的声音。

与此同时，立在地板上的一个巨大的硬纸板立方体开始摇摆起来。它摇摆得越来越厉害，突然，它翻了过去。

"哎呦，哎呦！"声音又传了出来，不过这次的声音是哀怨的。"我鼻子碰了！帮我从这里出去呀！"

百事问惊呼：

"这是小聪明。他在立方体里面。小聪明，你怎么到那里面去了？"

"我把面粘上了，没来得及出去。"

大家全都哈哈大笑起来。

小博学开他玩笑：

"你啊，小聪明，怎么不在你的立方体里面呆着了？多漂亮的立方体啊，毁了可惜。"

"那我怎么走路啊？"

"你就从一个面滚向另一个面。只是小心鼻子哦。"

大家又大笑起来，尼娜说：

"立方体确实漂亮。来，我们把它的一个面小心揭开，把淘气鬼小聪明放出来，再把立方体粘起来。"

"就是说，他已经不用从一个面滚向另一个面了？"百事问难过地说。

"不用了。"尼娜笑了笑。

"可我想滚动！"小聪明一边在铅笔头和小博学的帮助下钻出立方体，

一边说。

"那就爬到圆柱体里。"尼娜说,"在圆柱体里滚动要方便得多。"

"我到哪儿去弄圆柱体啊？"

"圆柱体也可以用纸或硬纸板糊。需要一个矩形。"

"把它卷起来,让两条对边合到一起,然后整齐地把边缘粘好。"

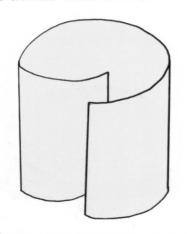

你也拿一张结实的纸。
用它剪一个矩形,按照尼娜所说的那样,
尽力用矩形糊一个圆柱体。

小博学问:

"我们要给圆柱体安上底和盖吗？"

"不用安!"小聪明嚷嚷起来,"否则我怎么爬进去滚动啊!"

快乐的小人儿们拿来一张大大的硬纸板,用它糊了一个圆柱体(没有底和盖)。小聪明钻到里面,两手和两脚撑到圆柱体的侧壁上,滚动起来,跟马戏团的杂技演员完全一样。

他一边滚动,一边声音响亮地唱起歌儿来:

我学会糊圆柱体!

圆柱体里滚起来。

如同点点滚射线,

我想滚哪就滚哪。

百事问放声大笑：

"乖乖！真是个大点！"

小博学补充说：

"这个点更像个小球！你啊，小聪明，最好钻到球里去！"

尼娜出来保护小聪明了：

"嗯，我们不会把他塞到球里去的。他在圆柱体里滚动得已经不错了。而且他想到童话里的点点也正是时候。铅笔头，你还没给朋友们把点点历险的童话讲完吧？"

"还没讲完。"铅笔头回答，"我正好打算今天把童话讲完。"

"讲啊，快讲啊！"小聪明和百事问喊了起来。

而小博学想起来了，上一次尼娜跟他们解释过，在学校里应该如何表现。他举起了一只手。尼娜问：

"你想说什么，小博学？"

"这一次您也会给我们留家庭作业吗？"

"今天我恐怕不会这样做。我要给你们布置一项课堂作业，现在你们就把它完成。你们来说说圆柱状的物品。"

小聪明说出了鼓。

百事问说出了杯子。

小博学说出了管子。

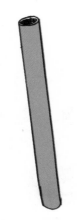

尼娜接着说道：

"现在说出球状物品。"

百事问说：

"橙子。"

"足球。"小聪明说。

铅笔头招呼大家到窗前去，让他们看看街道。学校旁边的路上一辆巨大的重型压路机在前后移动。它在夯实沥青。它没有轮子，取而代之的是圆柱体，前面一个，后面两个。

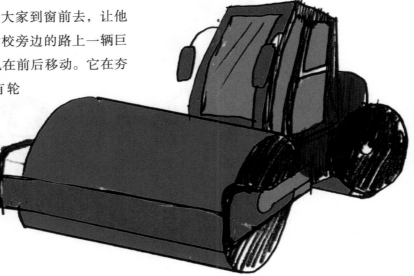

小博学说：
"台球。"

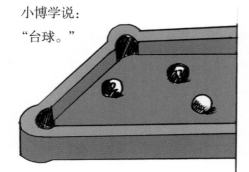

尼娜夸奖了快乐的小人儿们，夸他们很好地完成了作业。然后她说：

"现在可以听童话了。讲吧，铅笔头！"

铅笔头说：

"好，朋友们，请听童话的结尾。"

"我们所在的行星。"铅笔头说，"它也是球状的。人们常常这样说：地球。"

你们记得，旅行者们追捕坏家伙橡皮强盗，乘坐筏子在海上航行。突然起了大风，巨浪翻滚。点点乘坐的筏子倾

请你也来说出球状物品。

斜了，她掉到水里了。就在这时点点身边的水里落下来一个救生圈。点点得救了。这时筏子也靠岸了。

岸上站着旅行者们还在海上航行时就看到的那个城市的居民。所有迎接的人都是圆形。

点点立刻猜到他们到了哪里。

"我们在圆形之城！"她大叫。"真有趣！我们已经到过三角形之城和四边形之城。圆形之城我还从未来过呢。"

"我们很高兴让你看看它。"城里的居民友好地说，"在我们圆形之城一切都是圆的：广场，房子，汽车。圆树上长着圆树叶。甚至连我们的书都印成圆的，书里只有圆字母。如果你，还有你的旅伴们，在我们这里做客一段时间，我们会很高兴的。"

"谢谢你们的邀请。"圆规替所有的旅行者们回答。"不过遗憾的是，我们根本没有时间在你们城里停留。坏橡皮每时每刻都有可能再胡作非为。需要尽快把她抓住。"

圆形之城的居民说：

"我们知道橡皮强盗，准备和你们一起抓她。我们坐直升飞机去搜索橡皮吧。"

追捕的人分别乘坐几架直升飞机，飞机飞得非常低。所有的乘客都目不转睛地盯着圆形舷窗：坏强盗是不是会在什么地方出现呢？

突然圆规喊了起来：

"我看见橡皮了！瞧，她在路上跑呢。"

橡皮拼命跑着，但直升飞机超过了她。它们分别在橡皮后方和前方的路上降落了，追捕的人冲出直升飞机，从四面八方包围了橡皮强盗。橡皮发现她无处可逃了，开始哀求大家手下留情。

"那不行！"大家回答她，"我们可不能随便放你走。你胡作非为要受到惩罚。你看到直线了吗？既然你那么喜欢把什么都擦掉，那就把它全部擦掉！"

没办法，橡皮只好去擦直线。擦呀擦呀，擦呀擦呀，她变得越来越小……橡皮已经变得很小很小了，可她却怎么都不能把直线全部擦掉。

她哀求道：

"饶了我吧，放了我吧！我永远永远都不会再伤害任何人了。只有在有人请我的时候我才会去擦。"

"好吧。"

大家说，

"我们相信你。你走吧。"

他们把橡皮放了，从那以后再也没有人在几何国里胡作非为了。

"这就是童话的结尾。"铅笔头说，"我们的学习也接近尾声了。"

"难道我们已经了解了所有的几何知识？"小聪明惊讶地问。

尼娜说：

"你说什么，小聪明！当然不是了。几何是一门很大的学问，因此学习几何需要很长很长时间。"

百事问问：

"铅笔头，我们还会找时间学习几何吗？"

"那是一定的！"

（完）

图书在版编目（CIP）数据

儿童几何／（俄罗斯）日托米尔斯基，（俄罗斯）舍夫林著；赵桂莲译．—上海：华东师范大学出版社，2015.8

ISBN 978-7-5675-3816-0

Ⅰ.①儿… Ⅱ.①日…②舍…③赵… Ⅲ.①几何学—儿童读物 Ⅳ.①O18-49

中国版本图书馆CIP数据核字（2015）第183534号

Путешествие по стране Геометрии

Владимир Габриэлевич Житомирский и Лев Наумович Шеврин

© В. Г. Житомирский, Л. Н. Шеврин, 1994

Simplified Chinese Translation Copyright © 2016 by East China Normal University Press

上海市版权局著作权合同登记 图字：09-2010-353号

儿童几何

著　　者	[俄] В·Г·日托米尔斯基　Л·Н·舍夫林	
绘　　画	魏德敏	
译　　者	赵桂莲	
项目编辑	金爱民	
特约审读	张道翔	
责任校对	徐慧平	
装帧设计	宋学宏	

出版发行	华东师范大学出版社	
社　　址	上海市中山北路3663号	邮编 200062
网　　址	www.ecnupress.com.cn	
总　　机	021-60821666	行政传真 021-62572105
客服电话	021-62865537	
门市(邮购)电话	021-62869887	
地　　址	上海市中山北路3663号华东师范大学校内先锋路口	
网　　店	http://hdsdcbs.tmall.com	

印　刷　者	苏州工业园区美柯乐制版印务有限责任公司
开　　本	787毫米×1092毫米　1/16
印　　张	12
字　　数	159千字
版　　次	2016年9月第1版
印　　次	2024年8月第8次
书　　号	ISBN 978-7-5675-3816-0/G·8447
定　　价	48.00元

出　版　人	王　焰

（如发现本版图书有印订质量问题，请寄回本社客服中心调换或电话021-62865537联系）